상대성이론 ABC

THE ABC OF RELATIVITY

돋을새김 푸른책장 시리즈 037

상대성이론 ABC

초판 발행 2024년 10월 30일

지은이 | 버트런드 러셀
옮긴이 | 권혁
발행인 | 권오현

펴낸곳 | 돋을새김
주소 | 경기도 고양시 일산동구 하늘마을로 57-9 301호 (중산동, K시티빌딩)
전화 | 031-977-1854 팩스 | 031-976-1856
홈페이지 | http://blog.naver.com/doduls 전자우편 | doduls@naver.com
등록 | 1997.12.15. 제300-1997-140호
인쇄 | 금강인쇄(주)(031-943-0082)

ISBN 978-89-6167-354-9 (03400)
Korean Translation Copyright ⓒ 2024, 권혁

값 15,000원

돋을새김
푸른책장
시 리 즈
0 3 7

상대성이론 ABC

버트런드 러셀 지음 | **권혁** 옮김

돋을새김

* * *

아인슈타인은 뉴턴의 가설에서
벗어난 새로운 기술을 만들어냈다.
하지만 그렇게 하기 위해 그는 옛날부터 문제가 되지 않았던
공간과 시간에 대한 오래된 생각들을
근본적으로 변화시켜야만 했다.
– 버트런드 러셀 –

버트런드 러셀(Bertrand Russell 1872~1970)

* * *

알베르트 아인슈타인(Albert Einstein 1879~1955)

독일 태생의 이론물리학자로 그의 업적인 상대성이론으로 역사상 가장 위대한 물리학자 중의 한 명으로 불린다 1905년에 4개의 논문을 발표하여 광양자설과 특수 상대성이론에 기반한 그의 유명한 방정식 $E=mc^2$, 즉 질량과 에너지가 서로 변환 가능하다는 것을 제시하여 현대 물리학의 기원을 열었다. 이후 1905년은 물리학계에서 '기적의 해'로 불린다. 1915년에는 특수 상대성이론을 확장하여 일반 상대성이론을 완성했다. 이 이론은 중력이 시공간의 곡률로 설명된다는 혁신적인 개념을 제시함으로써 현재 우주론의 기반을 마련했다.

* * *

아이작 뉴턴(Isaac Newton 1642~1727)

1687년에 발표된 뉴턴의 중력 법칙에 따르면 우주에 존재하는 질량을 가진 모든 입자에는 서로 끌어당기는 힘이 있다. 이후 200여년 동안 물리학계는 뉴턴 역학의 시대였다. 뉴턴은 힘을 믿었으며 절대적인 시간과 공간을 믿었다.

* * *

아서 에딩턴 (Arthur Eddington 1882~1944)

영국의 천문학자. 이론물리학자. 1919년 5월 29일 일식때 영국 탐사대를 이끌어 빛이

중력장에서 굴절된다는 아인슈타인의 예측을 검증했다.

* * *

1919년 5월 29일 촬영된 개기일식. 영국 왕립학회와 왕립천문학회의는 아인슈타인의 예측이 입증되었다고 발표했다. 다음날 런던 타임스는 '하늘에서 빛이 휘어진다'는 기사를 내보냈다.

차례

제1장

촉각과 시각, 지구와 하늘

TOUCH AND SIGHT: THE EARTH AND THE HEAVENS

아인슈타인이 놀라운 일을 해냈다는 것은 누구나 알고 있지만, 그가 해낸 일이 무엇인지 정확하게 알고 있는 사람은 거의 없다. 일반적으로 그가 물질세계에 대한 우리의 생각에 대변혁을 일으켰다는 것은 알고 있지만 그의 새로운 생각들은 수학적 학술어로 포장되어 있다. 상대성이론에 대한 대중적인 설명들이 수없이 많다는 것은 사실이지만 그것들은 대개 중요한 무언가를 말하기 시작하는 바로 그 지점에서 이해할 수 없게 된다. 이것에 대해 저자들을 비난하기는 어렵다.

많은 새로운 생각들이 비수학적인 언어로 표현될 수는 있지만, 그럼에도 그 설명은 어렵다. 이 세계에 대한 상상도의 변화가 필요하기 때문이다. 이 상상도는 어쩌면 인류 이전의 아주 먼 선조들로부터 전달받은 것이며 우리들 각자가 어린 시절에 배웠던 것이다. 우리의 상상력을 변화시키는 것은 언제나 어려우며, 특히 우리가 더 이상 젊지 않을 때 더 어렵다.

지구는 정지해 있지 않으며 천체가 하루에 한 번 지구를 공전하는 것이 아니라고 가르쳤을 때, 코페르니쿠스는 이와 똑같은 종류의 변화를 요구했던 것이다.

현재의 우리는 이 생각에 아무런 어려움도 느끼지 않는다. 우리의 정신적 습관이 고정되기 전에 배웠기 때문이다. 이와 비슷하게 아인슈타인의 생각도 그 생각과 더불어 성장해온 세대에게는 쉬울 것이다. 하지만 우리 세대에겐 상상력을 개조하기 위한 어느 정도의 노력은 피할 수가 없다.

지표면을 연구하면서 우리는 모든 감각들 중에서도 특히 촉각과 시각을 활용한다. 과학시대 이전에는 길이를 재기 위해 몸의 일부분을 사용해야 했다. 피트(foot, 발), 큐빗(cubit, 팔꿈치에서 가운뎃손가락 끝까지의 길이), 스팬(span, 한뼘; 엄지손가락과 새끼손가락을 편 사이의 길이)은 이런 식으로 정의되었다. 더욱 먼 거리를 측정하기 위해선 한 장소에서 다른 장소로 걸어가는데 걸리는 시간을 가늠했다. 우리는 점차 눈으로 대략적인 거리를 판단하는 법을 배웠지만 정확성을 위해선 촉각에 의존했다. 게다가 촉각은 우리에게 '현실'의 감각을 제공했다.

무지개나 거울에 비친 모습과 같이 만질 수 없는 것들도 있다. 이런 것들은 어린이들을 난처하게 만든다. 어린이들의 추상적인 생각은 거울에 비친 것은 '진짜'가 아니라는 정보에 가로막혀 있기 때문이다.

맥베스의 단검은 '시각으로 느낄 수 있는 것'이 아니기 때문에 실재하지 않는 것이다. 지리학과 물리학뿐만이 아니라 우리 외부에 존재하는 모든 것들에 대한 개념은 촉각에 근거하고 있다. 이것을 자주 사용하는 은유 속으로 옮겨놓기도 했다. 우리는 기체가 전혀 '진짜'가 아니라고 느끼기 때문에, 좋은 연설은 '고체(solid, 충실한)'이며 나쁜 연설은 '기체(gas, 허풍)'라고 한다.

천체를 연구하는데 있어 시각 외의 모든 감각은 제외되어 있다. 우리는 태양을 만질 수 없으며 가볼 수도 없다. 달을 걸어서 둘러볼 수도 없으며 플레이아데스Pleiades 성단을 측정하기 위해 '자'를 사용할 수도 없다. 그럼에도, 천문학자들은 촉각과 움직임에 근거해 지구 표면에서 쓸모가 있다는 것을 알게 된 지리학과 물리학을 주저하지 않고 응용했다. 그렇게 하면서 그들은 골칫거리를 떠안게 되었고, 이것을 해결하도록 아인슈타인에게 떠넘겨졌던 것이다. 우리가 감각을 통해 배웠던 많은 것들이 이 세상의 진정한 그림을 그려보기 위해선 부정해야만 하는 비과학적인 편견이라고 밝혀졌다.

한 가지 예를 들어보자. 지구 표면에 있는 것들에 관심이 있는 사람에 비해 천문학자에게는 얼마나 많은 일들이 불가능한지를 이해하는데 도움이 될 것이다.

이렇게 가정해보자. 일시적으로 의식불명으로 만들어줄 어떤 약을 당신에게 복용시켰다. 그리고 당신이 깨어났을 때 기억은 잃었지만 추리력만은 남아 있다. 더 나아가 의식불명인 동안 어떤 기구 속으로 옮겨졌으며, 정신이 돌아왔을 때 그 기구는 캄캄한 밤에 바람을 따라 날아가고 있다. 영국에 있다면 11월의 다섯 번째 밤이고, 미국에 있다면 7월의 네 번째 날이다.

당신은 지상에서, 기차에서 그리고 모든 방향으로 이동하는 비행기에서 뿜어내는 불꽃은 볼 수 있지만 어둠 때문에 땅이나 기차나 비행기들은 볼 수 없다. 그 세상에 대해 어떤 종류의 그림을 그려보게 될까? 영원한 것은 아무것도 없다고 생각하게 될 것이다. 오직 짧은 섬광만이 있으며, 그것이 잠깐 존재하는 동안 무척이나 다양하고 기괴한 곡선들이 빈 공간을 가로질러 갈 뿐이다. 이 섬광들은 만질 수 없으며, 그저 볼 수만 있을 뿐이다.

분명히 당신의 기하학과 물리학 그리고 당신의 형이상학은 평범한 사람들과는 전혀 다를 것이다. 평범한 사람이 그 기구 안에 함께 있다면 당신은 그의 이야기를 이해하기 어렵다는 것을 알게 될 것이다. 하지만 아인슈타인이 함께 있다면 평범한 사람보다는 더 쉽게 그의 이야기를 이해할 것이다. 당신은 대부분의 사람들이 아인슈타인을 이해하기 어렵게 만드는 많은 선입견들로부터 벗어나 있을 것이기 때문이다.

상대성이론은 일상생활에는 유용하지만 약에 취한 기구 탑승자에게는 유용하지 않은 개념들을 없애는데 상당히 많은 부분을 의존한다. 지표면에서의 환경은, 비록 사고에 필요한 것처럼 보이기는 해도, 다소 우연한 여러 가지 이유들 때문에 부정확한 것으로 밝혀지는 생각들을 제시한다.

이러한 환경에서 가장 중요한 점은 지표면에 있는 대부분의 물체들이 지구적인 관점에서는 상당히 지속적이며 거의 정지해 있다는 것이다. 만약 그렇지 않았다면, 여행을 떠난다는 생각이 지금처럼 명확하지는 않았을 것이다.

킹스 크로스King's Cross에서 에든버러Edinburgh로 가고 싶다면, 당신은 킹스 크로스가 늘 있던 그곳에 있다는 것을 알고 있으며, 기차 노선은 지난번에 여행했을 때의 경로를 따라갈 것이고, 에든버러에 있는 웨이버리 역이 캐슬 근처로 이동하지 않았으리라는 것을 알고 있다. 그래서 당신이 에든버러로 여행을 간 것이지 에든버러가 당신에게 여행을 온 것이 아니라고 말하고 생각한다. 하지만 후자의 진술도 똑같이 정확한 것이기는 하다.

이런 상식적인 관점이 받아들여지는 것은 사실 우연이라는 성질을 지닌 몇 가지 일들에 따라 결정된다. 런던에 있는 모든 집들이 벌떼처럼 끊임없이 이동하고, 철도가 이동하면서 눈사태처럼 모양을 바꾸고, 마침내 물질적인 대상들이 구름처럼 끊임없이 형성되고 흩어진다고 상상해보자.

이런 상상 속에서는 불가능한 일이 없으며, 지구가 지금보다 더 뜨거웠다면 확인되었을 일들이다. 그런 세상에서는 우리가 에든버러로 떠나는 여행이라고 부르는 일은 아무런 의미도 없게 될 것이 분명하다. 당연하게도 여행은 택시 운전사에게 이렇게 묻는 것으로 시작될 것이다. "오늘 아침에는 킹스 크로스가 어디에 있을까요?" 역에 도착한 당신은 에든버러에 대해 이와 비슷한 질문을 하겠지만, 개찰구 직원은 이렇게 대답할 것이다. "에든버러의 어느 부분을 말씀하시는 거죠? 프린스 거리는 글래스고우로 갔구요, 캐슬은 하이랜드로 이동했습니다. 그리고 웨이버리 역은 포스만(灣)의 물속 한가운데에 있습니다."

여행하는 동안 철도역들은 얌전히 머물러 있지 않고, 아마도 기차보다 훨씬 빠르게 일부는 북쪽으로, 일부는 남쪽으로, 일부는 동쪽이나 서쪽으로 이동했을 것이다. 이런 상황 속에서 당신은 어떤 순간에 어디에 있는지 말할 수 없게 된다. 실제로 누군가가 언제나 어느 명확한 '장소'에 있다는 생각은 모두 지표면 위에 있는 대부분의 커다란 물체들의 우연한 부동성(不動性) 때문이다. '장소'라는 생각은 단지 실제의 대략적인 근사치일 뿐이다. 장소라는 생각에는 논리적으로 필요한 것이 없으며 정확할 수도 없다.

만약 우리가 전자(電子)보다 훨씬 더 크지 않았다면, 단지 우리의 감각이 둔하다는 것에서 비롯된 이런 안정감을 느끼지는 못했을 것이다. 우리에겐 구체적인 것으로 보이는 킹스 크로스는 너무 방대해서 일부 괴짜 수학자들 외에는 인식하지 못했을 것이다. 우리가 볼 수 있는 킹스 크로스의 작은 부분들은 물질의 조그마한 점들로 이루어져 있으며, 절대 서로 접촉하지는 않지만, 상상조차 못할 정도로 빠르게 춤을 추면서 윙윙거리며 서로의 주변을 끊임없이 돌고 있을 것이다.

우리가 경험하는 세상은 에든버러의 여러 지역들이 각각 서로 다른 방향으로 산책을 떠나는 세상처럼 꽤나 광기어린 곳이 될 것이다. 반대의 극단적인 예로, 당신이 태양만큼 크고 오래 살면서 그에 상응하는 느린 지각력을 갖게 된다면, 별과 행성은 아침 안개처럼 왔다가 사라지고 다른 것에 비해 상대적으로 고정된 위치에 남아 있는 것이 없는, 다시 말해 영속성 없이 뒤죽박죽이 되어 있는 우주를 발견하게 될 것이다.

그러므로 우리의 일상적인 견해를 형성하는 상대적인 안정성이라는 생각은 우리가 현재의 크기 정도라는 사실 때문이며, 표면이 더 이상 너무 뜨겁지는 않은 행성에서 살고 있기 때문이다. 만약 그렇지 않았다면, 우리는 상대성이론 이전의 물리학에 지적으로 만족하지 못했을 것이며, 실제로 그런 이론들을 만들어내지도 않았을 것이다. 우리는 단숨에 상대성이론에 도달하거나 과학 법칙들을 모르는 채로 남아 있어야 했을 것이다.

우리가 이처럼 전혀 다른 상황과 마주치지 않았던 것은 행운이었다. 어느 한 사람이 유클리드, 갈릴레오, 뉴턴 그리고 아인슈타인의 업적을 이루어내는 것은 거의 상상조차 못할 일이기 때문이다. 하지만 그런 놀라운 천재가 없었다면 비과학적인 관찰로도 끊임없이 변화하는 우주가 명확한 것처럼 보였던 세상에서 물리학은 발견될 수 없었을 것이다.

천문학에는 해, 달, 별들이 해마다 꾸준히 존재하겠지만, 우리가 다루어야 하는 그 세계는 일상생활에서 경험하는 세계와는 전혀 다르다. 이미 말했듯이, 우리는 오로지 시각에만 의존한다. 천체는 만지거나, 듣거나, 냄새를 맡거나, 맛을 볼 수 없나. 하늘에 있는 모든 것은 다른 모든 것에 대해 상대적으로 움직이고 있다.

지구는 태양 주변을 돌고 있으며, 태양은 급행열차보다 훨씬 더 빠르게 '헤라클레스' 별자리에 있는 한 점을 향해 이동하고 있다. '고정된' 항성들은 깜짝 놀란 암탉들처럼 이리저리 갈팡질 팡하고 있다. 하늘에는 킹스 크로스와 에든버러처럼 뚜렷이 구별되는 장소들이 없다. 지구 위에서 이곳저곳으로 여행할 때, 당신은 기차가 이동하는 것이지 역들이 이동한다고 말하지 않는다. 기차역들은 서로서로 그리고 주변의 지역들과 지형적인 관계를 유지하기 때문이다. 하지만 천문학에서는 기차라고 부르는 것과 역이라고 부르는 것을 마음대로 정할 수 있다. 이 문제는 순전히 편의성과 관례에 따라 결정될 것이다.

이런 측면에서, 아인슈타인과 코페르니쿠스를 대비하는 것은 재미있는 일이다. 코페르니쿠스 이전의 사람들은 지구는 가만히 정지해 있으며 천체가 하루에 한 번씩 지구 주위를 공전한다고 생각했다. 코페르니쿠스는 지구가 '실제로' 하루에 한 번씩 자전하며, 태양과 별들이 매일 공전하는 것은 '그렇게 보이는 것'일뿐이라고 가르쳤다.

갈릴레오와 뉴턴은 이 견해를 지지했으며, 극지에서는 지구가 평평하며 적도보다 물체들이 더 무겁다는 사실과 같은 많은 일들이 그것을 증명한다고 생각했다. 하지만 현대의 이론에서 코페르니쿠스와 그의 전임자들 사이의 문제는 단순히 편의성의 문제일 뿐이다. 즉, 모든 운동은 상대적이며, '지구는 하루에 한 번씩 회전한다'와 '하늘은 지구 주위를 하루에 한 번씩 공전한다'는 두 개의 설명 사이에는 차이가 전혀 없다. 이 두 가지는 정확히 똑같은 것을 의미한다. 내가 특정한 길이를 6피트라고 말할 때와 2야드라고 말할 때 똑같은 의미인 것과 같다.

지구가 고정되어 있다고 생각하는 것보다 태양이 고정되어 있다고 생각하면 천문학은 더 쉬워진다. 십진 화폐제도에서 계산이 더 쉬워지는 것과 같다. 하지만 코페르니쿠스를 옹호하는 것은 허구인 절대적인 운동을 가정하는 것이다. 모든 운동은 상대적이며 어느 한 천체가 정지해 있다고 생각하는 건 단순한 관습이다. 그런 모든 관습들이 모두 동등하게 편리하지는 않지만 동등하게 합리적이다.

천문학은 전적으로 시각에 의존하기 때문에 지구상의 물리학과는 다른 매우 중요한 문제가 있다. 대중적인 생각과 구시대의 물리학은 모두 '힘'이라는 개념을 사용했다. 힘은 익숙한 감각과 관련되어 있기 때문에 이해하기 쉬운 것처럼 보였다. 걷고 있을 때, 우리는 가만히 앉아 있을 때는 느끼지 못하는 근육과 연결된 감각들을 느낀다.

기계적인 견인 기구가 나타나기 이전의 시대에는 비록 사람들이 탈것에 앉아 여행할 수 있었지만, 그들은 말들이 전력을 다해 인간과 똑같은 방식으로 분명히 '힘'을 발휘하는 것을 볼 수 있었다. 모든 사람들이 경험을 통해 밀거나 당기는 것 또는 밀리거나 당겨지는 것이 무엇인지 알고 있었다. 대단히 익숙한 이런 사실들이 '힘'을 역학의 자연스러운 기초로 보도록 만들었다. 하지만 뉴턴의 중력법칙이 어려움을 만들어냈다.

당구공 두 개 사이에 작용하는 힘은 이해할 수 있는 것으로 보인다. 다른 사람과 부딪치는 것과 같은 느낌이 무엇인지 알고 있기 때문이다. 하지만 9,300만 마일이나 떨어져 있는 지구와 태양 사이의 힘은 불가사의한 것이었다. 뉴턴 자신도 이런 '원격작용'은 불가능하다고 생각했으며, 태양의 영향력이 행성들에 전달되는 아직 찾아내지 못한 메커니즘이 있다고 믿었다. 하지만 그런 메커니즘은 발견되지 않았으며 중력은 수수께끼로 남아 있었다.

사실 '힘'이라는 전체 개념은 잘못된 생각이다. 태양은 행성에 그 어떤 힘도 발휘하지 않는다. 아인슈타인의 중력의 법칙에 따르면 행성은 단지 주변에서 발견한 것에만 주의를 기울인다. 이것이 작동하는 방식은 다음 장에서 설명할 것이다. 여기에서는 촉각에서 파생된 개념으로 오해하기 쉬운 '힘'이라는 생각을 버려야 할 필요성에 대해서만 논의할 것이다.

물리학이 발달하면서, 물질에 관한 기초개념의 원천으로서 시각이 촉각보다 오해의 소지가 적다는 것이 점점 더 많이 밝혀지고 있다. 당구공들의 충돌에서 나타나는 외견상의 단순함은 지극히 혼동하기 쉽다. 당연하게도, 두 개의 당구공은 전혀 접촉하지 않는다. 실제로 일어나는 일은 상상할 수 없을 정도로 복잡하지만, 상식적으로 일어날 것이라 생각하는 일보다 혜성이 태양계에 침입했다가 다시 가버릴 때 일어나는 일과 더 유사하다.

지금까지 말한 것은 대부분 아인슈타인이 상대성이론을 만들어내기 전에 이미 물리학자들이 인식하고 있었다. '힘'은 단순히 수학적인 허구로 알려졌으며, 일반적으로 운동은 단순히 상대적인 현상이라는 것이 인정되었다. 말하자면, 두 개의 천체가 상대적인 위치를 바꾸고 있을 때, 우리는 하나가 움직이고 다른 하나는 멈춰 있다고 말할 수 없다. 그 사건은 단순히 서로간의 관계에 일어난 변화이기 때문이다. 하지만 이런 새로운 확신들과 물리학의 실질적인 절차를 조화시키기 위해서는 많은 노력이 필요했다.

뉴턴은 힘을 믿었으며, 절대적인 공간과 시간을 믿었다. 그는 이런 믿음을 자신의 기술적인 방법론에 구현시켰으며, 그의 방법론은 후대의 물리학자들에게 남아 있었다.

아인슈타인은 뉴턴의 가설에서 벗어난 새로운 기술을 만들어냈다. 하지만 그렇게 하기 위해 그는 아득한 옛날부터 문제가 되지 않았던 공간과 시간에 대한 오래된 생각들을 근본적으로 변화시켜야만 했다. 이것이 바로 그의 이론이 어렵기도 하고 흥미롭기도 한 이유다. 하지만 그의 이론을 설명하기 전에 반드시 준비해야 할 것들이 있다. 다음 두 개의 장에서 이러한 내용을 다룰 것이다.

제2장

어떤 일이 일어났고, 어떤 것이 관찰되었나?
WHAT HAPPENS AND WHAT IS OBSERVED

어떤 거만한 유형의 인물은 '모든 것은 상대적이다'라고 주장하기를 좋아한다. 이것은 당연히 터무니없는 생각이다. 만약 '모든 것'이 상대적이라면, 그것과 상대적일 수 있는 대상은 전혀 없을 것이기 때문이다.

하지만, 이런 추상적인 어리석음에 빠져들지 않고 물질계의 모든 것은 관찰자와 상대적이라고 주장하는 것은 가능하다. 옳든 그르든, 이런 견해가 '상대성이론'에 채택된 것은 아니다. 어쩌면 상대성이라는 명칭은 잘못된 선택일 수도 있다. 이 명칭이 철학자와 교육받지 않은 사람들을 혼란 속에 빠뜨리는 것은 분명하다. 그들은 이 새로운 이론이 물질계의 '모든 것'이 상대적이라는 것을 증명한다고 상상한다. 반면에 이 이론은 상대적인 것을 배제하고 관찰자의 환경에 전혀 의존하지 않는 물리법칙들의 설명에 도달하는데 모든 관심을 쏟는다.

이러한 환경이 이전에 생각했던 것보다 관찰자에게 더 많은 영향을 끼치는 것으로 밝혀진 것은 사실이지만, 동시에 아인슈타인은 이런 영향을 완전히 무시하는 방법을 증명했다. 이것은 그의 이론에서 놀라운 거의 모든 것의 원천이었다.

두 명의 관찰자가 하나의 사건으로 간주되는 것을 인식할 때, 그들의 인식 사이에는 일정한 유사점과 차이점이 있다. 그 차이점은 일상생활의 필요에 의해 모호해진다. 일반적인 관점에서 그것들은 대체로 중요하지 않기 때문이다. 그러나 심리학과 물리학은 서로 다른 관점에서 주어진 사건에 대한 한 사람의 인식이 다른 사람의 인식과 다른 측면을 강조할 수밖에 없다. 이러한 차이점의 일부는 관찰자의 뇌나 정신의 차이, 일부는 감각기관의 차이, 일부는 물리적 상황의 차이에서 비롯된 것이다. 이러한 세 종류는 각각 심리적, 생리적 그리고 물리적인 것이라 부를 수 있을 것이다.

익숙한 언어로 하는 말은 들리지만 모르는 언어로 하는 말은 전혀 알아차리지 못할 수 있다. 알프스에 있는 두 사람 중 한 사람은 풍경의 아름다움을 인식하는 반면, 다른 사람은 폭포를 보고 그곳에서 동력을 얻을 생각을 한다. 그런 차이는 심리적인 것이다. 원시와 근시인 사람 사이, 또는 귀가 어두운 사람과 소리를 잘 듣는 사람 사이의 차이는 생리적인 것이다.

이런 두 가지 차이는 우리의 관심사가 아니며 단지 배제시키기 위해 언급했을 뿐이다. 우리가 관심을 갖는 차이는 온전히 물리적인 것이다.

두 관찰자 사이의 물리적인 차이는 관찰자들을 카메라나 축음기로 대체했을 때 유지될 것이며 영화나 축음기에서 재현될 수 있다. 만약 두 사람이 모두 제3의 인물이 말하는 것을 듣는다면, 그리고 그들 중 한 명이 말하는 사람에게 더 가까이 있다면, 더 크게 들거나 약간 빨리 듣게 될 것이다. 두 사람이 모두 쓰러지는 나무를 보고 있다면, 서로 다른 각도에서 보게 될 것이다. 이런 차이점들은 모두 기록 장치에서 똑같이 나타나게 될 것이다. 이런 차이점들은 관찰자들의 특이성에서 비롯된 것이 아니라 우리가 알고 있듯이 물리적 자연의 일상적인 과정의 일부분일 뿐이다.

일반인과 마찬가지로 물리학자도 자신의 감각을 통해 개인적인 경험뿐만 아니라 물리적 세계에서 실제로 일어나고 있는 일을 이해할 수 있다고 믿는다. 직업적으로, 그는 물리적 세계를 단순히 인간이 꿈꾸는 어떤 것이 아니라 '현실'이라고 생각한다. 예를 들어, 일식은 적절한 위치에 있는 사람이라면 누구나 관찰할 수 있으며, 목적에 맞게 노출된 사진판에서도 관찰될 수 있다. 물리학자는 태양이나 태양의 사진을 보았던 사람들의 경험을 뛰어넘는 어떤 일이 실제로 일어났다고 확신한다. 사소하게 보일 수도 있는 이런 점을 강조하는 이유는 아인슈타인이 이런 면에서 차이가 있을 것이라고 상상하는 사람들이 있기 때문이다. 사실 그도 전혀 다르지 않다.

여러 사람이 '동일한' 물리 현상을 관찰할 수 있다는 물리학자의 이런 믿음이 옳다면, 물리학자는 당연히 그 현상이 모든 관찰자에게 공통적으로 드러내는 특징에만 관심을 가져야 한다. 다른 특징들은 그 현상 자체에 속한다고 볼 수 없기 때문이다. 적어도 물리학자는 '동등한 자격이 있는' 모든 관찰자들에게 보이는 공통적인 특징에만 스스로를 한정시켜야 한다.

현미경이나 망원경을 사용하는 관찰자는 그렇지 않은 사람들보다 더 우선된다. 후자가 보는 것을 모두 보면서 더 많이 보기도 하기 때문이다.

감도가 높은 사진판은 더 많은 것을 '볼' 수 있으므로 육안보다 우선된다. 그러나 거리의 차이로 인한 원근감 또는 겉보기 크기의 차이와 같은 것은 분명 대상에서 비롯된 것이 아니다. 그것은 전적으로 관찰자의 관점에 속하는 것이다. 상식적으로 대상을 판단할 때 이러한 요소들은 배제한다. 물리학은 이와 같은 과정을 훨씬 더 많이 거쳐야 하지만 원리는 동일하다.

나는 부정확하다고 불릴 수 있는 것들에는 전혀 관심이 없음을 명확히 밝혀두고 싶다. 자신만의 관점으로 특정한 사건에 대해 정확하게 기록한 각 사건들 사이의 진정한 물리적 차이점에 관심이 있다. 어떤 사람이 총을 쏠 때, 그와 아주 가까운 곳에 있지 않은 사람들은 총성을 듣기 전에 섬광을 보게 된다.

사람들의 감각에 결함이 있기 때문이 아니라 소리가 빛보다 더 느리게 전달되기 때문이다. 지구의 표면에서 벌어지는 현상들의 관점에 보면 빛은 너무나도 빠르게 전달되므로, 순간적인 것처럼 여겨질 수 있다. 우리가 지구에서 볼 수 있는 것은 실제로 우리가 보는 순간에 일어난다.

빛은 1초에 30만km(약 186,000마일)를 이동한다. 태양에서 지구까지 약 8분에 이동하며, 별들에서는 3년에서 1천년까지 걸린다. 하지만 당연하게도 시계를 태양에 놓고 그리니치 표준시로 12시에 빛을 내보내 12시 8분에 수신하도록 할 수는 없다.

빛의 속도를 판단하는 방법은 어느 정도 간접적인 것일 수밖에 없다. 유일하게 직접적인 방법은 메아리를 활용해 소리를 측정하는 방법을 적용하는 것이다. 빛을 거울로 보내고 반사된 빛이 우리에게 도착하는데 얼마나 걸리는지 관찰할 수 있을 것이다. 이것은 거울까지 갔다 돌아오는 두 배의 여정에 대한 시간을 제공할 것이다. 하지만 지구 위에서는 그 시간이 너무 짧아서 이 방법을 사용하려면 천문학 데이터의 적용에 필요한 것보다 훨씬 더 많은 이론물리학을 활용해야 한다.

관찰자의 관점을 허용하는 문제는 물리학이 언제나 충분히 인식해온 것 중의 한 가지로, 사실 코페르니쿠스 시대 이래로 줄곧 천문학을 지배해온 것이었다. 이것은 사실이다. 하지만 원칙들은 종종 완전한 결과가 도출되기도 훨씬 전에 인정되곤 했다. 전통적인 물리학의 대부분이 원칙과 맞지 않았지만, 그런 사실에도 불구하고 이론적으로는 모든 물리학자들이 인정했다.

철학적으로 생각하는 사람들을 불편하게 만드는 일련의 규칙이 있었지만 물리학자들은 그것들이 실제로 작동했기 때문에 받아들였다. 로크는 색, 소음, 맛, 냄새 등과 같은 '2차적인' 특성을 주관적인 것으로 구별하면서, 모양, 위치, 크기와 같은 '1차적인' 특성을 물리적 대상의 진정한 성질로서 받아들였다. 물리학자의 규칙들은 이런 신조를 따르는 것이었다. 색과 소음은 주관적인 것으로 인정되었지만, 단지 빛이나 소리의 경우가 그렇듯이 원인으로부터 지각자의 눈이나 귀로 일정한 속도로 진행되는 파동으로 인해 그렇게 된 것이었다.

겉으로 보이는 모양은 원근법에 따라 변하지만 이런 법칙들은 단순해서 시각적으로 보이는 여러 가지 형태로부터 '진짜' 모양을 추론하기 쉽게 해준다. 더 나아가 우리 주변의 물체들은 만져보는 것으로 '진짜' 모양을 확인할 수 있다.

물리적 사건의 객관적인 발생 시간은 우리가 그것을 인식할 때의 시간에서 전송 속도(상황에 따라 빛이나 소리 또는 신경 전류)를 감안하는 것으로 추론할 수 있다. 이것은 물리학자들이 비전문적인 순간에 가질 수 있는 불안감에도 불구하고 실제로 채택한 견해였다.

이런 견해는 물리학자들이 지표면에서 흔히 볼 수 있던 속도들보다 훨씬 더 빠른 속도에 관심을 갖기 전까지는 충분히 유효했다. 급행열차는 1분에 약 1마일을 이동하지만 행성은 1초에 수마일을 이동한다. 혜성은 태양에 가까워지면 훨씬 더 빠르게 이동하고 다소 기묘하게 움직이면서 다양한 방식으로 당혹하게 만든다. 실제로, 행성들은 동역학을 적절하게 적용할 수 있는 가장 빠르게 움직이는 물체들이다.

방사능으로 새로운 범위의 관측이 가능해졌다. 빛에 못지않은 속도로 라듐에서 방출되는 개별 전자들을 관측할 수 있다. 이렇게 엄청난 속도로 움직이는 물체의 행동은 기존의 이론이 예상하지 못한 것이었다. 우선, 질량은 속도에 따라 완벽하게 확실한 방식으로 증가하는 것으로 보인다. 전자가 매우 빠르게 움직일 때는 어떤 효과를 내기 위해선 느리게 움직일 때보다 더 큰 힘이 필요하다. 물체의 크기가 그 움직임에 영향을 받는다는 생각의 근거가 발견되었다. 예를 들어, 당신이 정육면체를 들고 매우 빠르게 움직이면 함께 움직이지 않는 사람의 관점에서는 운동 방향으로 짧아지지만, 함께 이동하는 관찰자의 관점에서는 원래의 상태를 유지한다.

더 놀라운 것은 시간의 흐름이 운동에 좌우된다는 발견이다. 즉, 완벽하게 정확한 두 개의 시계 중 하나가 다른 것에 비해 상대적으로 매우 빠르게 움직여 여행 후에 다시 만나게 된다면 똑같은 시간을 계속 나타내지 않는다는 것이다. 이것은 우리가 객관적인 과학의 극치로 여겨왔던 시계와 자를 이용해 발견한 것이 실제로는 부분적으로 우리의 개인적인 상황, 즉 측정한 물체에 대해 상대적으로 움직이는 방식에 따라 달라진다는 것이다.

이것은 관찰자에 속하는 것과 그가 관찰중인 사건에 속하는 것 사이를 구별하는 관습적인 선과는 전혀 다른 선을 그어야만 한다는 것을 보여준다. 파란 안경을 착용하고 있는 사람은 모든 것이 파랗게 보이는 것은 안경 때문이지 그가 관찰중인 대상의 속성이 아니라 것을 알고 있다.

하지만 그가 두 번의 번개를 관찰하고, 그 관찰 사이의 시간 간격을 기록하고, 번개가 발생한 곳을 알고 있으며, 각각의 경우에 빛이 자신에게 도달한 시간을 인정한다면, 즉 정밀시계가 정확하다면, 그는 자연스럽게 그 두 번개 사이의 실질적인 시간 간격을 발견했다고 생각하게 되며, 단순히 그 자신에게만 관계된 일은 아니라고 생각한다. 그의 이런 견해는 다른 모든 신중한 관찰자들이 그의 추정에 동의한다는 사실에 의해 인정받게 된다. 하지만 이것은 오직 모든 관찰자들이 지구에 있으며 지구의 움직임을 공유하고 있다는 사실에 기인한다.

반대 방향으로 움직이는 비행기 속에 두 명의 관찰자가 있다면 상대속도는 기껏해야 시속 400마일일 것인데, 이것은 초속 186,000마일(빛의 속도)과 비교하면 매우 느린 속도다. 라듐 한 조각에서 초속 170,000마일로 튀어나온 전자가 두 번갯불 사이의 시간을 관찰할 수 있다면, 빛의 속도를 충분히 감안한 후에 전혀 다른 판단을 내리게 될 것이다.

독자들은 그것을 어떻게 아는지 궁금할 것이다. 전자가 아닌 여러분은 이런 엄청난 속도로 움직일 수 없으며, 이런 주장의 진실을 입증해줄 관찰을 실행했던 과학자도 전혀 없다. 그럼에도, 잎으로 확인하게 되겠지만, 이 주장에는 훌륭한 근거가 있다. 무엇보다 실험에 근거가 있으며, 주목할 만한 것은 실험으로 과거의 추론이 틀렸다는 것을 밝혀줄 때까지 인정되지 않았던 추론에 근거가 있다.

상대성이론이 내세우는 일반적인 원리가 있는데, 이 원리는 생각보다 강력한 것으로 밝혀졌다. 어떤 사람이 다른 사람보다 두 배나 더 부자라는 것을 알고 있다면, 이 사실은 파운드, 달러, 프랑 등 어떤 화폐로 추정하든 상관없이 동일하게 나타나야 한다. 그들의 재산을 나타내는 숫자는 변경되지만 한 숫자는 항상 다른 숫자의 두 배가 될 것이다.

물리학에서도 이와 같은 현상이 더 복잡한 형태로 나타난다. 모든 운동은 상대적이기 때문에 원하는 물체를 표준 물체로 삼고 그 물체를 기준으로 다른 모든 운동을 추정할 수 있다. 기차를 타고 식당차로 걸어가는 경우, 그 순간에는 자연스럽게 기차를 고정된 것으로 간주하고 기차와의 관계에 따라 여러분의 움직임을 판단한다.

그러나 여러분이 여행에 대해 생각할 때는 지구가 고정되어 있다고 생각하고 여러분이 시속 60마일의 속도로 움직이고 있다고 말한다. 태양계를 연구하는 천문학자는 태양을 고정된 것으로 보고 여러분이 자전하고 공전하는 것으로 생각한다. 항성 우주에 관심이 있는 천문학자는 별들의 평균 운동에 태양의 운동을 상대적으로 더할 수 있을 것이다.

이러한 운동 추정 방법들 중 어느 하나가 더 정확하다고 말할 수는 없으며, 기준체가 지정되는 즉시 각각 완벽하게 정확하다.

이제 다른 사람의 재산과의 관계를 변경하지 않고도 다양한 화폐로 한 사람의 재산을 추정할 수 있는 것처럼, 다른 운동과의 관계를 변경하지 않고도 다른 기준체를 사용하여 물체의 운동을 추정할 수 있다. 그리고 물리학은 전적으로 관계에 관한 학문이기 때문에 모든 운동은 어떤 물체를 기준으로 삼아 물리학 법칙을 모두 표현할 수 있어야 한다.

이 문제를 다른 방식으로 생각해 볼 수 있다. 물리학은 개별 관찰자의 개인적인 인식뿐만 아니라 물리세계에서 실제로 일어나는 일에 대한 정보를 제공하기 위한 것이다. 따라서 물리학은 물리적 과정이 모든 관찰자에게 공통적으로 나타내는 특징에 관심을 가져야 하며, 그러한 특징만으로도 물리적 현상 자체에 속하는 것으로 간주할 수 있기 때문이다. 이를 위해서는 어떤 현상이 한 관찰자에게 나타나는 대로 설명되든 다른 관찰자에게 나타나는 대로 설명되든 현상의 '법칙'은 동일해야 한다. 이 하나의 원리가 전체 상대성이론이 등장한 동기이다.

지금까지 불리적 현상의 공간적 및 시간적 성질이라고 여겨졌던 것들은 대부분 관찰자에 의존한다는 것이 밝혀졌으므로, 관찰자의 시각에 영향을 받지 않는 그 나머지(residue)만이 그 자체로 현상에 속하는 것으로 볼 수 있다. 물리법칙을 세울 때,

우선적으로 참이 될 가능성이 있는 법칙은 이 나머지만을 포함할 수 있다. 아인슈타인은 순수 수학의 도구, 즉 텐서 이론을 활용하여 이런 객관적인 나머지를 바탕으로 한 법칙을 발견했으며, 이는 기존 법칙들과 대체로 일치한다. 아인슈타인의 법칙이 기존 법칙과 달랐던 부분의 경우, 지금까지는 관찰과 더 잘 맞아떨어지는 것으로 입증되었다.('나머지residue'는 아인슈타인의 상대성이론의 맥락에서, 관찰자의 주관적인 관점이나 위치에 의존하지 않는 객관적이고 불변하는 물리적 실체를 의미한다. 고전 물리학에서는 시간과 공간을 절대적인 것으로 생각했지만, 아인슈타인은 이를 관찰자의 상태에 따라 달라질 수 있는 상대적인 개념으로 보았다. 그 결과, 시간과 공간 같은 성질의 상당 부분은 관찰자에 따라 다르게 나타날 수 있지만, 이와 상관없이 일정하게 유지되는 요소가 존재한다. 이 '나머지'는 물리법칙의 근본적이고 객관적인 부분으로, 모든 관찰자에게 동일하게 적용되는 중력장 같은 물리적 실체나 법칙을 가리킨다. 따라서 '나머지'는 관찰자와 상관없이 성립하는 객관적 물리적 양들을 말하며, 물리법칙의 핵심이 되는 부분이라 할 수 있다.)

만약 물리적 세계에 아무런 실체가 없고, 단지 서로 다른 사람들이 꾸는 여러 꿈들만 존재한다면, 한 사람의 꿈과 다른 사람의 꿈을 연결하는 어떤 법칙도 기대할 수 없을 것이다. 한 사람의 인식과 다른 사람의 인식이 (거의) 동시에 밀접하게 연결되어 있다는 사실은 다양한 인식들이 공통된 외부원인을 갖고 있다고 믿게 만든다. 물리학은 우리가 '동일한' 사건이라고 부르는 것에 대한 서로 다른 사람들의 인식의 유사성과 차이점을 모두 설명한다.

그러나 이를 위해서는 물리학자가 먼저 그 유사성이 정확히 무엇인지를 알아내는 것이 필요하다. 그것들은 전통적으로 가정된 것과는 약간 다르다. 왜냐하면 공간이나 시간 어느 하나도 별개로는 엄밀히 객관적이라고 할 수 없기 때문이다. 객관적인 것은 소위 '시공간'이라고 불리는 이 둘의 일종의 혼합체이다. 이를 설명하는 것은 쉽지 않지만, 시도해야 한다. 다음 장에서 그 설명을 시작할 것이다.

제3장

빛의 속도
THE VELOCITY OF LIGHT

    상대성이론에서 흥미로운 일들은 대부분 빛의 속도와 관련이 있다. 이처럼 중대한 이론적 재구성의 이유를 이해하려면 기존 체계가 무너지는데 원인을 제공한 사실들에 대해 어느 정도는 알고 있어야 한다.

    빛이 일정한 속도로 전파된다는 사실은 천문 관측을 통해 처음 밝혀졌다. 목성의 위성들은 때때로 목성에 의해 가려지며, 이런 일이 일어나는 시간은 쉽게 계산할 수 있다. 목성이 지구와 매우 가까울 때는 목성의 위성 중 하나가 예상보다 몇 분 일찍 가려지는 것이 관측되었고, 목성이 매우 멀리 있으면 예상보다 몇 분 늦게 가려졌다.

    이러한 차이는 빛의 속도가 일정하다고 가정하면 모두 설명

할 수 있다. 즉 우리가 관측한 목성에서 일어나는 일은 실제로
는 조금 전에 일어난 일이며, 목성이 멀리 있을수록 더 오래 전
에 일어난 일이다. 태양계의 다른 부분에서도 똑같은 빛의 속도
가 비슷한 현상을 설명하는 것으로 밝혀졌다.

따라서 진공 상태에서 빛은 항상 일정한 속도로, 거의 정확히
초당 30만km로 이동한다고 인정되었다(1km는 약 5/8마일이다). 빛
이 파동으로 구성되어 있다는 것이 밝혀졌을 때, 이 속도는 에
테르에서 파동이 전파되는 속도였다. 적어도 과거에는 에테르
속에서 파동이 전파된다고 여겨졌지만 이제 에테르는 모호한
개념이 되었고 파동은 아직 남아 있다. 무선 전신에 사용되는
파동도 같은 속도로 전파되며, 이는 빛의 파동과 비슷하지만 더
길다. X선은 빛의 파동과 비슷하지만 더 짧은 파동으로, 이 역
시 동일한 속도로 전파된다. 오늘날에는 중력도 이와 같은 속도
로 전파된다고 일반적으로 받아들여지지만, 에딩턴*은 아직 확
실하지 않다고 본다. (과거에는 중력이 순간적으로 전파된다고
생각했으나, 지금 이 견해는 폐기되었다.)

지금까지는 모든 것이 순소로웠다. 그러나 더 정확한 측정이
가능해지면서 어려움이 쌓이기 시작했다. 파동이 에테르 안에
있다고 가정했으므로 그 속도는 에테르에 상대적이어야 한다.

---

* Arthur Eddington 1882~1944: 영국의 천문학자, 이론물리학자.

이제 에테르가 (만약 존재한다면) 천체의 운동에 아무런 저항을 주지 않는 것으로 보아 천체의 운동을 공유하지 않는다고 가정하는 것이 자연스러워 보인다.

만약 증기선이 물을 밀어내는 것과 같은 방식으로 지구가 앞에 있는 많은 양의 에테르를 밀어내야 한다면, 물이 증기선에 제공하는 것과 유사한 에테르의 저항을 기대할 수 있다. 따라서 에테르는 공기가 거친 체를 통과하는 것처럼 어려움 없이 천체를 통과할 수 있다는 것이 일반적인 견해였다.

만약 그렇다면, 궤도를 도는 지구는 에테르에 상대적인 속도를 가져야 한다. 지구가 공전궤도의 어느 지점에서 에테르와 정확히 일치하여 움직이고 있다면, 다른 지점에서는 에테르를 통과하는 속도가 더 빨라야 한다. 바람이 부는 날에 원을 그리며 걷는다면 어떤 바람이 불든 간에 일정 부분에서는 바람을 거슬러 걸어야 한다. 이 경우의 원리도 동일하다. 따라서 지구 궤도가 정확히 반대 방향으로 움직이는 6개월 간격의 이틀을 선택하면, 적어도 하루는 에테르 바람을 거슬러 움직여야 한다.

이제 에테르 바람이 있다면, 지구 위의 관찰자에게는 빛 신호가 바람을 타고 이동할 때가 그것을 가로질러 이동할 때보다, 그리고 가로질러 이동할 때가 거슬러 이동할 때보다 더 빠르게 이동하는 것처럼 보일 것이 분명하다. 이것이 바로 마이컬슨[*]과 몰리[**]가 유명한 실험[***]을 통해 테스트하고자 했던 것이다. 그들은 서로 직각을 이루는 두 방향으로 빛 신호를 보냈다. 두 신호는 각각 거울에 반사되어 모두 처음 보냈던 곳으로 돌아왔다. 이제 누구든지 실험이나 간단한 계산을 통해 강에서 일정한 거리를 거슬러 올랐다가 다시 돌아오는 데 걸리는 시간이 같은 거리를 가로질러 갔다가 다시 돌아오는 데 걸리는 시간보다 더 오래 걸린다는 것을 확인할 수 있다.

따라서 에테르 바람이 있다면 에테르 속에서 전파되는 파동으로 이루어진 두 개의 빛 신호 중 하나는 다른 하나보다 거울까지 갔다가 돌아오는 평균속도가 더 느려야 한다. 마이컬슨과 몰리는 다양한 위치에서 실험을 반복해서 시도했다. 그들의 장치는 예상되는 속도 차이, 혹은 그보다 훨씬 적은 차이까지 감지할 수 있을 정도로 정확했지만, 아주 작은 차이조차 관측되지 않았다.

---

* Albert Michelson 1852~1931: 폴란드계 미국인 물리학자.

** Edward Morley 1838~1923: 미국의 물리학자, 화학자

*** 마이컬슨-몰리 실험: 주 설계자인 마이컬슨은 정확한 빛의 속력을 측정하고 에테르의 존재를 증명하는 것이었지만 결과는 예상과 정반대로 나왔고 에테르가 존재하지 않는다는 반증이 되었다.

이 실험의 결과는 광학적 에테르 이론을 부정하는 최초의 유력한 증거가 되었다. 그러나 두 번째 과학 혁명(Second Scientific Revolution)의 이론적 관점의 시발점이라고 불리기도 한다. 앨버트 마이컬슨은 이 실험으로 1907년에 노벨 물리학상을 받았다.

그 결과는 모두에게 놀라움을 안겨주었지만, 세심한 반복을 통해 의심의 여지를 없애버렸다. 이 실험은 1881년에 처음 이루어졌고, 1887년에 더 정교하게 반복되었다. 그러나 이 실험이 올바르게 해석되기까지는 여러 해가 걸렸다.

지구가 그 주변의 에테르를 함께 이동시킨다는 가정은 여러 가지 이유로 불가능한 것으로 밝혀졌다. 그 결과, 논리적 교착 상태가 발생한 것처럼 보였고, 처음에 물리학자들은 매우 임의적인 가설들로 이 문제를 해결하려고 했다. 그 중 가장 중요한 가설은 피츠제럴드*가 제안하고 로렌츠**가 발전시킨 것으로 지금은 피츠제럴드 수축 가설로 알려져 있다.

이 가설에 따르면, 물체가 움직일 때 그 속도에 따라 운동 방향으로 일정한 비율만큼 길이가 줄어든다. 이 수축의 정도는 마이컬슨-몰리 실험의 부정적인 결과를 설명하기에 충분한 양이어야 한다.

개울을 거슬러 올라갔다가 다시 내려오는 여정은 개울을 가로지르는 여정보다 더 짧아야 하며, 더 느린 빛의 파동이 같은 시간 내에 통과할 수 있을 만큼 짧아야 했다. 물론 이 단축은 측

---

* George Fitzgerald 1851~1901: 영국의 물리학자.

** Hendrik Lorentz 1853~1928: 네덜란드의 물리학자. 원자론을 전자기론에 도입한 '로렌츠의 전자론'을 확립했다. 맥스웰의 전자기학 이론을 발전시켜, 물질을 하전 입자의 집합이라고 생각하는 전자론에 기반하여 광학, 전자기 분야의 다양한 현상을 설명해, 전자가 실제로 존재하는 입자라고 주장했다.

정으로 감지될 수 없었는데, 우리의 측정도구들도 같은 방식으로 수축하기 때문이다.

지구의 운동 방향에 놓인 자는 지구의 운동에 직각으로 놓인 동일한 자보다 짧아질 것이다. 이러한 관점은 마치 백기사(White Knight)가 '내 수염을 녹색으로 염색하고 수염이 보이지 않을 정도로 커다란 부채를 항상 사용하려는 계획'과 다를 바 없다. 이상한 점은 그 계획이 꽤나 잘 작동했다는 것이다.

나중에 아인슈타인이 특수 상대성이론(1905년)을 제시했을 때, 그 이론이 어떤 의미에서는 옳았지만 오직 특정한 의미에서만 옳았다는 것이 밝혀졌다. 즉, 가정된 수축은 물리적 사실이 아니라, 올바른 관점을 찾고 난 후에 우리가 거의 강제로 채택해야 할 것처럼 보이는 특정한 측정 방식의 결과였다. 그러나 나는 아직 아인슈타인의 문제 해결 방식을 설명하고 싶지는 않다. 현재로서는 이 문제 자체의 본질을 분명히 하고 싶은 것이 목적이다.

겉으로 보기에, 그리고 '특별한 목적을 위한' 가설과는 별개로, (다른 실험과 함께) 마이컬슨-몰리 실험은 지구에 대해 빛의 속도는 모든 방향에서 동일하며, 지구가 태양을 공전하면서 항상 운동 방향이 변함에도 불구하고 연중 어느 때나 동일하다는 사실 또한 입증되었다. 또한 이것은 지구의 특성이 아니라 모든 물체에 해당되는 것으로 나타났다. 즉, 어떤 물체에서 빛 신호가 발사되면 그 물체가 어떻게 움직이든 간에, 빛이 바깥으로 퍼져 나갈 때 그 물체는 그 파동의 중심에 남게 된다는 것이다. 적어도 그 물체와 함께 움직이는 관찰자의 관점에서는 그렇게 보인다. 이것은 실험의 분명하고 자연스러운 의미였으며, 아인슈타인은 이를 수용하는 이론을 고안하는 데 성공했다. 그러나 처음에는 이 분명하고 자연스러운 의미를 받아들이는 것이 논리적으로 불가능하다고 여겨졌다.

몇 가지 예를 들어 보면 이 사실이 얼마나 이상한지 알 수 있다. 발사된 포탄은 소리보다 빠르게 움직인다. 포탄이 날아가는 방향에 있는 사람들은 먼저 섬광을 본 다음 (운이 좋으면) 포탄이 지나가는 것을 보고 마지막으로 폭발음을 듣는다. 과학적 관찰자를 포탄에 태울 수 있다면 소리가 그를 따라잡기 전에 포탄이 터져 죽을 것이기 때문에 결코 폭발음을 듣지 못할 것이 분명하다. 하지만 소리가 빛과 같은 원리로 작동한다면 그 관찰자는 마치 정지해 있는 것처럼 모든 소리를 들을 수 있을 것이다. 이 경우, 포탄에 스크린을 부착하고 그것이 포탄보다 100야드 앞서 이동하도록 한다면, 그 관찰자는 마치 자신과 포탄이 정지해 있는 것처럼, 일정한 시간 간격 후에 스크린에서 발생하는 폭발음의 메아리를 들을 수 있을 것이다.

물론, 이 실험을 실행해볼 수는 없지만, 실행할 수 있는 다른 실험은 차이를 보여줄 것이다. 우리는 철로를 따라 가면서 메아리가 발생하는 지점을 찾을 수 있을 것이다(예를 들어, 철도가 터널로 들어가는 지점). 그리고 기차가 철로를 따라 이동할 때, 선로 옆에 있는 사람이 총을 쏘도록 한다. 만약 기차가 메아리가 발생하는 방향으로 이동하고 있다면, 승객들은 선로 옆에 있는 사람보다 메아리를 더 빨리 들을 것이고, 반대 방향으로 이동하고 있다면 더 늦게 들을 것이다.

그러나 이러한 상황은 마이컬슨-몰리 실험과는 다소 다르다. 그 실험에서 거울은 메아리에 해당하며, 그 거울은 지구와 함께 움직이므로 메아리도 기차와 함께 움직여야 한다.

경비차에서 총이 발사되고, 기관차에 있는 스크린에서 메아리가 발생한다고 가정해보자. 경비차에서 기관차까지는 소리가 1초 동안 이동할 수 있는 거리(약 5분의 1마일)이고, 기차의 속도는 소리 속도의 12분의 1(약 시속 60마일)이라고 가정해보자. 이제 기차 안에서 사람들이 실험을 실행해볼 수 있다. 만약 기차가 정지해 있다면, 경비원은 2초 후에 메아리를 들을 것이다. 하지만 기차가 움직이고 있으므로 그는 2와 2/143초 후에 메아리를 들을 것이다. 이 차이로, 소리의 속도를 알고 있다면 경비원은 기차의 속도를 계산할 수 있다. 안개가 자욱한 밤이어서 선로 옆을 볼 수 없더라도 계산할 수 있다. 하지만 소리가 빛처럼 움직인다면, 기차가 얼마나 빨리 달리든 그는 항상 2초 후에 메아리를 듣게 된다.

다양한 예시들이 빛의 속도에 관한 사실들이 관습과 상식의 관점에서 얼마나 이상한지를 보여준다. 모두가 아는 것처럼 에스컬레이터 위에서 걸으면 가만히 서 있을 때보다 더 빨리 꼭대기에 도달한다. 하지만 에스컬레이터가 빛의 속도로 움직인다면(뉴욕의 에스컬레이터조차 그렇게 빠르지는 않지만), 걸어가든 가만히 서 있든 꼭대기에 도착하는 시간은 정확히 같을 것이다. 또 다른 예로, 시속 4마일의 속도로 도로를 걷고 있는데 같은 방향으로 시속 40마일의 속도로 달리는 자동차가 지나간다고 가정해보자. 당신과 자동차가 모두 계속 간다면 한 시간 후에 차와 당신 사이의 거리는 36마일이 될 것이다. 하지만 자동차가 반대 방향으로 달리고 있다면, 1시간 후의 거리는 44마일이 될 것이다.

이제 만약 자동차가 빛의 속도로 이동하고 있다면, 그 차가 당신을 지나치든 마주치든 상관없이 1초 후에는 당신으로부터 186,000마일 떨어져 있을 것이다. 또한, 이전 순간에 더 느린 속도로 당신을 지나치거나 마주쳤던 다른 자동차들로부터도 186,000마일 떨어져 있을 것이다. 이는 불가능해 보인다. 어떻게 도로의 서로 다른 여러 지점에서 자동차가 같은 거리에 있을 수 있을까?

다른 예를 들어보자. 파리 한 마리가 정지해 있는 수면 위를 건드리면 파문이 발생하여 바깥쪽으로 넓게 원을 그리며 이동한다. 이때 원의 중심은 파리가 접촉한 지점이다. 파리가 수면 위의 이곳저곳으로 움직이면 파리는 잔물결의 중심에 머물지 않는다. 그러나 파문이 빛의 파동이고 파리가 숙련된 물리학자라면 파리가 어떻게 움직이든 항상 파문의 중심에 머물러 있다는 것을 알 수 있다. 반면 수영장 옆에 앉아 있는 숙련된 물리학자는 일반적인 파문과 마찬가지로 파리가 아니라 파리가 닿은 수면의 한 지점을 중심이라고 판단할 것이다.

그리고 다른 파리가 같은 순간에 같은 지점에서 물에 닿았다면, 첫 번째 파리와 멀리 떨어져 있어도 여전히 파문의 중심에 머물러 있다고 느낄 것이다. 이는 마이컬슨-몰리 실험과 정확히 유사하다. 수면은 에테르에 해당하고 파리는 지구, 파리와 수면의 접촉은 마이컬슨과 몰리가 발사한 빛 신호에 해당하며, 파문은 빛의 파동에 해당한다.

이러한 상황은 언뜻 보기에는 지극히 불가능해 보인다. 마이컬슨-몰리 실험이 1881년에 실행되었지만 1905년까지 올바르게 해석되지 않았던 것은 놀라운 일이 아니다. 우리가 정확히 무엇을 말하고 있는지 확인해보자. 한 사람이 길을 걷다가 자동차 옆을 지나갔다고 가정해보자. 도로의 같은 지점에 여러 사람이 걷고 있거나 자동차를 타고 있으며, 그들이 다양한 속도로 서로 다른 방향으로 이동하고 있다고 가정해보자.

나는 이 순간에 그들이 모두 있는 지점에서 빛의 섬광이 발사되면, 여행자들이 더 이상 같은 장소에 있지 않더라도 빛의 파동은 당신의 시계로 1초가 지나면 그들 각각으로부터 186,000마일 떨어져 있을 것이라고 말한다. 당신의 시계로 1초가 지나면 빛은 186,000마일 떨어져 있을 것이며, 빛이 발사될 때 당신을 만났지만 반대 방향으로 이동하던 사람에게도 1초 후에는 186,000마일 떨어져 있을 것이다(둘 다 완벽한 시계라고 가정할 때). 이것이 어떻게 가능할 수 있을까?

이러한 사실을 설명할 수 있는 유일한 방법은 시계들이 운동에 영향을 받는다고 가정하는 것이다. 시계의 정밀도를 높여서 보완할 수 있는 방식으로 영향을 받는다는 뜻이 아니라 훨씬 더 근본적인 것을 의미한다. 즉, 두 사건 사이에 한 시간이 경과했다고 말할 때, 이상적으로 정확한 정밀시계로 이상적으로 신중하게 측정한 것을 근거로 이 주장을 한다면, 당신과 상대적으로 빠르게 움직이고 있는 또 다른 똑같이 정확한 사람은 그 시간이 한 시간보다 많거나 적다고 판단할 수 있다는 뜻이다. 그리니치 시간을 표시하는 시계와 뉴욕 시간을 표시하는 시계를 사용했을 때처럼 어느 것이 맞고 어느 것이 틀렸다고 말할 수는 없다. 이런 일이 어떻게 발생하는지는 다음 장에서 설명하겠다.

빛의 속도에는 또 다른 흥미로운 점이 있다. 그 중 하나는, 아무리 큰 힘이 가해지더라도, 그리고 그 힘이 아무리 오랫동안 작용하더라도 그 어떤 물질도 빛만큼 빠르게 이동할 수 없다는 것이다. 이를 명확히 하기 위해 예를 들어보자. 박람회를 가면 가끔 원을 그리며 빙글빙글 돌아가는 일련의 이동무대를 볼 수 있다. 바깥쪽 무대는 시속 4마일로 이동하고, 다음 무대는 첫 번째 것보다 시속 4마일 더 빠르게 이동하며, 그 다음 무대도 같은 방식으로 속도가 증가한다. 당신은 각 무대에서 다음 무대로 넘어가면서 결국 엄청난 속도로 움직이게 된다.

이제 첫 번째 무대가 시속 4마일이고 두 번째 무대는 첫 번째 무대에 비해 상대적으로 시속 4마일이라면 두 번째 무대는 지면에 대해 상대적으로 시속 8마일이라고 생각할 수 있다. 이것은 오류이다. 두 번째 무대는 실제로 약간 더 느린 속도로 이동하며, 매우 세심한 측정으로도 그 차이를 감지할 수 없을 정도이다. 내가 의미하는 바가 무엇인지를 분명히 하고 싶다. 아침에 무대가 막 이동하기 시작할 때 세 사람이 이상적으로 정확한 정밀시계를 가지고 일렬로 서 있다고 가정하자. 한 명은 지면에,

한 명은 첫 번째 무대에, 한 명은 두 번째 무대에 일렬로 서 있다고 가정해보자. 첫 번째 무대는 지면을 기준으로 시속 4마일의 속도로 움직인다. 시속 4마일은 분당 352피트에 해당한다.

지면에 있는 사람은 자신의 시계로 1분이 지난 후, 자신이 서 있는 지점에서 첫 번째 무대 위에 서 있는 사람 바로 맞은편 지점을 기록한다. 첫 번째 무대 위에 있는 사람은 무대에 의해 이동했지만 여전히 그 위치에 서 있다. 지면에 있는 사람은 자신과 첫 번째 무대 위에 있는 사람의 맞은편 지점 사이의 거리를 측정하여 352피트라는 것을 알게 된다.

첫 번째 무대 위에 있는 사람은 자신의 시계로 1분이 지난 후, 두 번째 무대 위에 있는 사람과 자신의 무대 사이의 거리를 기록한다. 첫 번째 무대 위에 있는 사람은 자신과 두 번째 무대 위에 있는 사람의 맞은편 지점 사이의 거리를 측정하여, 역시 352피트라는 것을 알게 된다.

문제 : 지면에 있는 사람은 두 번째 무대 위에 있는 사람이 1분 동안 얼마나 이동했다고 판단할까?

만약 지면에 있는 사람이 시계로 1분이 지난 후, 두 번째 무대 위에 있는 사람 바로 맞은편 지점을 기록한다면, 이 지점은 지면에 있는 사람으로부터 얼마나 떨어져 있는 것일까? 당신은 352피트의 두 배, 즉 704피트라고 생각할 것이다. 그러나 비록 그 차이는 거의 감지할 수 없을 정도로 미세하지만 실제로는 약간 더 짧다. 이 차이는 두 시계가 각자의 관점에서는 정확하지만 완벽한 시간을 기록하지는 못하기 때문이다.

만약 각 무대가 이전 무대에 대해 시속 4마일로 움직이는 이동무대가 길게 이어져 있다면, 수백만 개의 무대가 있다 해도 마지막 무대가 지면에 대해 상대적으로 빛의 속도로 이동하는 지점에 도달할 수는 없을 것이다.

이 차이는 느린 속도에서는 매우 작지만, 속도가 증가함에 따라 커지며, 빛의 속도는 도달할 수 없는 한계가 된다. 이 모든 일이 어떻게 발생하는지는 다음 주제에서 다루어야 할 것이다.

제4장

시계와 자

CLOCKS AND FOOT RULES

특수 상대성이론이 등장하기 전까지는 서로 다른 장소에서 두 가지 사건이 동시에 일어났다는 진술에 어떤 모호함이 있을 수 있다고 생각하는 사람은 아무도 없었다. 만약 그 장소들이 아주 멀리 떨어져 있다면 그 사건들이 동시에 일어난 것인지를 확인하는데 어려울 수는 있겠지만 누구나 그 의미는 완벽하게 명확하다고 생각했다. 하지만 이것은 잘못된 생각이라는 것이 밝혀졌다.

멀리 떨어진 장소에서 일어난 두 가지 사건은 정확성을 확실히 하기 위해 적절한 예방책을 모두 마련해둔 어떤 관찰자에게는 동시에 발생한 것으로 보일 수 있다. 반면에 동일하게 세심한 다른 관찰자는 첫 번째 사건이 두 번째 사건에 앞서 일어났다고 판단할 수 있으며, 또 다른 관찰자는 두 번째 사건이 먼저 일어났다고 판단할 수 있다. 이것은 그 세 명의 관찰자가 모두 서로에게 상대적으로 빠르게 움직이고 있을 때 일어날 수 있다. 다른 두 관찰자는 틀리고 그들 중 한 사람만 맞지는 않을 것이다. 그들은 모두 똑같이 옳을 수 있다.

사건의 시간 순서는 부분적으로 관찰자에 따라 달라지며, 사건들 자체에 항상 그리고 전적으로 본질적인 관계가 있는 것은 아니다. 아인슈타인은 이러한 관점이 현상을 설명할 수 있을 뿐만 아니라, 오래된 데이터에 근거한 신중한 추론의 결과였어야 하는 관점이라는 것을 보여주었다. 그러나 실제로는 기이한 실험 결과가 사람들의 추론 능력에 자극을 주기 전까지는 아무도 상대성이론의 논리적 근거를 알아차리지 못했다.

서로 다른 장소에서 발생한 두 사건이 동시인지 아닌지는 어떻게 자연스럽게 판단해야 할까? 정확히 두 사건의 중간 지점에 있는 사람이 두 사건을 동시에 본다면 동시적이라고 자연스럽게 말할 수 있다. (같은 장소에서 일어난 두 사건의 동시성에 대해서는, 예를 들어 빛을 보고 소리를 듣는 것과 같은 경우에는, 아무런 문제가 없다.) 그리니치 천문대와 큐 천문대처럼 서로 다른 두 곳에서 번개가 두 번 떨어졌다고 가정해보자. 세인트 폴 대성당이 두 천문대 중간에 있고, 세인트 폴 대성당의 돔에 있던 관찰자에게 섬광이 동시에 보였다고 가정해 보자.

이 경우 큐에 있는 사람이 큐 섬광을 먼저 보고 그리니치에 있는 사람이 그리니치 섬광을 먼저 보게 되는데, 이는 빛이 그 사이의 거리를 이동하는 데 걸리는 시간 때문이다. 그러나 세 사람 모두 이상적으로 정확한 관찰자라면 빛의 전파 시간에 필요한 여유를 두기 때문에 두 번의 섬광이 동시에 일어났다고 판단할 것이다. (여기에서 나는 인간의 능력을 훨씬 뛰어넘는 정확성을 가정하고 있다.) 따라서 지구상의 관찰자들에게는, 동시성의 정의가 지구 표면에서 일어나는 사건들에서는 충분히 잘 작동할 것이다. 이는 서로 일관된 결과를 제공하며, 지구가 움직인다는 사실을 무시할 수 있는 모든 문제에서 지구 물리학에 활용할 수 있다.

그러나 서로 상대적으로 빠르게 움직이는 두 쌍의 관찰자가 있을 때 우리의 정의는 더 이상 만족스럽지 않다. 빛 대신 소리를 사용하고, 두 사건의 중간 지점에 있는 사람이 동시에 들을 때 이를 동시에 발생한 것으로 정의한다고 가정해보자. 이렇게 해도 원리는 변하지 않지만 소리의 속도가 훨씬 느리기 때문에 문제는 더 쉬워진다.

안개가 자욱한 밤에 강도들이 기차의 경비원과 기관사를 총으로 쏜다고 가정해보자. 경비원은 기차의 끝에 있고 강도들은 선로에 있으며 각자 가까운 거리에 있는 희생자를 향해 쏜다. 기차의 정중앙에 있던 노신사는 두 발의 총성을 동시에 듣는다. 따라서 두 발의 총성이 동시에 발생했다고 말할 것이다. 그러나 두 강도 사이의 정확히 중간 지점에 있던 역장은 경비원을 죽이는 총성을 먼저 듣는다.

경비원과 기관사는 사촌지간이며, 그들의 호주 출신 백만장자 삼촌은 전 재산을 경비원에게 남겼다. 그러나 경비원이 먼저 죽을 경우, 그 재산은 기관사에게 넘어가게 된다. 누가 먼저 죽었는지가 중요한 문제인데, 막대한 금액이 걸려 있다. 이 사건은 사법기관에 회부되었고, 옥스퍼드에서 교육받은 양측 변호사는 노신사나 역장 중 누군가가 잘못 들었을 것이라고 동의한다. 그러나 사실 둘 다 맞을 수 있다. 기차는 경비원이 있는 쪽에서 발생한 총성과는 멀어지는 방향으로, 기관사가 있는 쪽에서 발생한 총성과는 가까워지는 방향으로 이동하고 있다. 따라서 경비원 쪽에서 발생한 총성은 노신사에게 도달하기까지 더 먼 거리를 이동해야 하고, 기관사 쪽의 총성은 더 가까운 거리를 이동하게 된다. 그러므로 노신사가 두 발의 총성을 동시에 들었다고 말하는 것이 맞다면, 역장이 경비원 쪽의 총성을 먼저 들었다고 말하는 것도 맞을 수 있다.

이런 경우 지구에 사는 사람들은 당연히 지구에 정지해 있는 사람의 관점을 기차 안에서 이동 중인 사람의 관점보다 선호할 것이다. 하지만 이론물리학에서는 이런 편협한 편견이 허용되지 않는다. 만약 혜성에 물리학자가 있다면, 그는 지구의 물리학자가 자신의 관점에 권리를 갖는 것만큼, 동시성에 대한 자신의 관점을 가질 권리가 있다. 그러나 그 결과는 기차와 총성의 예에서처럼 다르게 나타날 것이다. 기차가 지구보다 더 '실제로' 움직이는 것은 아니며, '실제로'라는 것은 존재하지 않는다. 토끼와 하마가 인간이 '실제로' 큰 동물인지에 대해 논쟁을 벌인다고 상상해보자. 각자 자신의 관점이 자연스러운 것이고, 다른 관점은 완전한 허구라고 생각할 것이다.

지구가 '실제로' 움직이고 있는지 기차가 '실제로' 움직이고 있는지에 대한 논쟁에는 실체가 거의 없다. 따라서 멀리 떨어진 사건들 사이의 동시성을 정의할 때, 우리는 두 사건들 사이의 중간 지점을 정의하는 데 사용할 다양한 물체들 중에서 특히 어느 하나를 골라 선택할 권리는 없다.

모든 물체에 동등하게 선택될 권리가 있는 것이다. 하지만 어떤 물체에서는 정의에 따라 두 사건이 동시에 일어났다고 할 수 있지만, 다른 물체에서는 첫 번째 사건이 두 번째 사건보다 먼저 일어나고, 또 다른 물체에서는 두 번째 사건이 첫 번째 사건보다 먼저 일어난다고 할 수 있다. 따라서 우리는 먼 장소에서 일어난 두 사건이 명확하게 동시에 일어난다고 말할 수 없다. 이러한 진술은 특정 관찰자와 관련이 있을 때만 명확한 의미를 갖는다. 이는 물리적 현상을 관찰하는 주관적인 부분에 속하는 것이지, 물리 법칙에 들어가야 할 객관적인 부분에는 적합하지 않다.

서로 다른 장소에서 시간의 문제는 아마도 상대성이론에서 상상력을 요구하는 가장 어려운 측면일 것이다. 우리는 모든 것에 시간을 부여할 수 있다는 생각에 익숙하다. 역사가들은 BC 776년 8월 29일에 중국에서 관측된 태양의 일식을 이용하여 기록을 남긴다. 천문학자들은 중국 북부의 특정 지점에서 일식이 시작된 정확한 시간과 분을 알 수 있을 것이다. 또한 우리는 특정 순간의 행성 위치에 대해 이야기할 수 있는 것처럼 보인다. (예를 들어) 뉴턴의 이론은 그리니치 시계를 사용하여 특정 시간에 지구와 목성 사이의 거리를 계산할 수 있게 해준다. 이를 통해 그 시점에 빛이 목성에서 지구까지 여행하는 데 걸리는 시간을 알 수 있다(예를 들어, 30분). 그 결과 우리는 목성이 30분 전에 지금 우리가 보는 위치에 있었다고 추론할 수 있다.

이 모든 것이 명백해 보일 수 있다. 그러나 사실 이것이 실제로 작동하는 이유는 행성들의 상대적 속도가 빛의 속도에 비해 매우 느리기 때문이다. 우리가 지구에서 일어난 사건과 목성에서 일어난 사건이 동시에 발생했다고 판단할 때, 예를 들어 그리니치 시계가 자정 12시를 가리킬 때 목성이 위성들 중 하나를 가렸다고 판단한다면, 지구에 대해 상대적으로 빠르게 움직이는 사람은 빛의 속도를 적절히 고려했다고 가정해도 다르게 판단할 것이다. 따라서 동시성에 대한 불일치는 당연히 시간 간격에 대한 불일치를 포함한다. 우리가 목성에서 일어난 두 사건이 24시간 간격이라고 판단했다면, 지구와 목성에 대해 상대적으로 빠르게 이동하고 있는 다른 사람은 더 긴 시간 간격으로 일어났다고 판단할 수 있다.

이제 당연하게 여겨지던 보편적인 우주의 시간은 더 이상 인정되지 않는다. 각 물체에 대해서는 그 주변에서 일어나는 사건에 대한 명확한 시간 순서가 있으며, 이를 그 물체의 '고유' 시간(固有時)이라고 부를 수 있다. 우리의 경험은 우리의 몸에 대한 고유 시간에 의해 지배된다. 우리는 지구에서 거의 정지 상태로 있기 때문에, 서로 다른 인간들의 고유 시간은 일치하며, 이를 모아 지구 시간을 형성할 수 있다.

그러나 이것은 지구의 커다란 물체에 적합한 시간일 뿐이다. 실험실의 베타 입자들에게는 전혀 다른 시간이 필요하다. 우리는 우리만의 시간을 고수하기 때문에 이 입자들은 빠른 운동에 따라 질량이 증가하는 것처럼 보인다. 입자들의 관점에서는 질량이 일정하게 유지되며, 오히려 우리가 갑자기 마르거나 비만해진 것처럼 느껴질 뿐이다. 베타 입자에게 관찰된 물리학자의 역사는 걸리버 여행기와 비슷할 것이다.

이제 다음과 같은 질문이 제기된다. 시계로 측정되는 것은 실제로 무엇인가? 상대성이론에서 시계라고 말할 때, 인간의 손으로 만든 시계만을 의미하지 않는다. 어떤 규칙적인 주기적 동작을 수행하는 모든 것을 의미한다. 지구는 시계의 역할을 한다. 지구는 23시간 56분마다 한 번 회전하기 때문이다. 원자도 시계의 역할을 한다. 전자가 원자핵을 초당 일정 횟수만큼 돌기 때문이다. 원자의 시계로서의 특성은 그 스펙트럼에서 나타나는데, 이는 다양한 주파수의 빛의 파동에 의해 발생한다.

세계는 주기적인 현상으로 가득 차 있으며, 원자와 같은 근본적인 메커니즘은 우주의 다양한 부분에서 놀라운 유사성을 보인다. 이러한 주기적인 현상 중 어떤 것이든 시간을 측정하는데 사용될 수 있다. 인간이 제조한 시계의 유일한 장점은 관찰하기가 특별히 용이하다는 것이다. 한 가지 의문이 있나면, 우주 시간을 포기할 경우, 우리가 방금 정의한 넓은 의미에서 시계가 실제로 측정하는 것은 무엇일까?

각 시계는 저마다의 '고유 시간'을 정확하게 측정해 주는데,

곧 알게 되겠지만 이 고유 시간은 중요한 물리량이다. 그러나 시계는 빠르게 움직이는 물체들에서 발생하는 사건들과 관련된 물리량을 정확하게 측정하지 못한다. 그러한 사건과 관련된 물리량을 알아내기 위한 하나의 자료는 제공하지만, 또 다른 자료가 필요하며, 이는 공간 내에서의 거리를 측정함으로써 얻어야 한다. 공간 내의 거리 역시 시간의 경과처럼 일반적으로 객관적인 물리적 사실이 아니며, 부분적으로는 관찰자에 의존한다. 이제 이것이 어떻게 일어나는지 설명해야 한다.

우선, 우리는 두 물체 사이의 거리가 아니라 두 사건 사이의 거리를 생각해야 한다. 이는 시간과 관련해 우리가 발견했던 것에서 바로 알 수 있다. 두 물체가 서로 상대적으로 움직이고 있다면(실제로 항상 그렇다), 두 물체 사이의 거리는 계속 변하므로, 주어진 시간에 두 물체 사이의 거리를 말할 수 있을 뿐이다.

당신이 에든버러를 향해 기차를 타고 여행 중이라면, 주어진 시간에 당신과 에든버러 간의 거리를 말할 수 있다. 그러나 앞에서 말했듯이, 서로 다른 관찰자들은 기차에서의 사건과 에든버러에서의 사건에 대해 '동일한' 시간이 무엇인지 다르게 판단할 것이다. 따라서 시간 측정이 상대적인 것으로 밝혀졌듯이 거리 측정도 상대적이다. 우리는 일반적으로 두 사건 사이에는 공간과 시간이라는 두 가지 종류의 간격이 있다고 생각한다. 런던을 떠나 에든버러에 도착하는 과정에는 400마일과 10시간의 간격이 있다. 우리는 이미 다른 관찰자가 시간을 다르게 판단한다는 것을 알게 되었다. 그가 거리를 다르게 판단한다는 것은 훨씬 더 분명하다. 태양에 있는 관찰자는 기차의 움직임을 매우 사소하게 여길 것이며, 당신이 지구의 공전과 자전으로 인해 이동한 거리만큼 이동했다고 판단할 것이다.

반면에 기차 안의 벼룩은 당신이 공간에서 전혀 움직이지 않았으며, 그리니치 천문대가 아닌 자신의 '고유' 시간으로 측정할 수 있는 즐거운 시간을 보냈다고 생각할 것이다. 당신이나 태양 거주자 또는 벼룩이 잘못했다고 말할 수는 없다. 각자의 주장은 똑같이 옳은 것이며, 자신의 주관적인 측정에 객관적인 타당성을 부여하는 경우에만 잘못이다. 따라서 두 사건 사이의 공간적 거리 자체는 물리적 사실이 아니다. 그러나 앞으로 살펴보겠지만, 공간적 거리와 시간적 거리를 결합하여 유추할 수 있는 물리적 사실이 있다. 이것이 바로 '시공간의 간격'이라는 것이다.

우주에서 두 사건이 발생한다고 가정할 때, 두 사건 사이의 관계에는 두 가지 가능성이 있다. 어떤 물체가 두 사건 모두에 존재할 수 있을 수도 있고, 그렇지 않을 수도 있다. 이는 어떤 물체도 빛의 속도만큼 빠르게 여행할 수 없다는 사실에 따라 달라진다. 예를 들어, 지구에서 빛의 섬광을 보내고 그것이 달에서 반사되어 돌아오는 것이 가능하다고 가정해 보자. 섬광을 발사한 시간과 반사된 빛이 돌아오는 시간 사이의 간격은 약 2.5초 정도이다. 어떤 물체도 그 2.5초 동안 지구에 존재하면서 동시에 섬광이 도착하는 순간 달에 존재할 수는 없다. 그렇게 하려면 물체가 빛의 속도보다 빠르게 이동해야 하기 때문이다. 그러나 이론적으로는, 어떤 물체가 그 2.5초 전이나 후에 지구에 존재할 수 있으며, 동시에 섬광이 도착하는 순간 달에도 존재할 수 있다.

물체가 두 사건 모두에 존재하는 것이 물리적으로 불가능할 때, 우리는 두 사건 사이의 간격을 '공간적'이라고 말한다. 반대로, 물체가 두 사건 모두에 존재하는 것이 물리적으로 가능할 때, 우리는 두 사건 사이의 간격을 '시간적'이라고 말한다.

간격이 '공간적'일 때, 물체가 이동하면서 그 물체에 있는 관찰자가 두 사건이 동시에 일어난다고 판단할 수 있다. 이 경우, '간격'은 그런 관찰자가 두 사건 사이의 공간적 거리로 판단하는 것이다. 간격이 '시간적'일 때, 물체는 두 사건 모두에 존재할 수 있다. 이 경우, '간격'은 그 물체에 있는 관찰자가 두 사건 사이의 시간을 판단하는 것으로, 즉 그의 '고유' 시간이다. 두 사건 사이에 극한적인 경우가 있을 수 있는데, 두 사건이 어떤 섬광의 일부일 때, 말하자면 하나의 사건이 다른 사건을 보는 것일 때가 있다. 이 경우 두 사건의 간격은 0이다.

따라서 세 가지 경우가 있다.

1. 하나의 광선이 두 사건 모두에 존재할 수 있는 경우가 있다. 이는 한 광선이 다른 광선을 보는 경우에 발생한다. 이 경우 두 사건 사이의 간격은 0이 된다.

2. 어떤 물체도 한 사건에서 다른 사건으로 이동할 수 없는 경우가 있다. 그렇게 하려면 빛보다 빠르게 이동해야 하기 때문이다. 이 경우 물체가 이동하여 그 물체에 있는 관찰자가 두 사건을 동시에 일어난 것으로 판단할 수 있는 것이 항상 물리적으로 가능하다(동시성의 상대성). 이 간격은 그가 두 사건 사이의 공간적 거리로 판단하는 것이다. 이러한 간격을 '공간적'이라고 한다.

3. 물리적으로 한 물체가 두 사건 모두에 존재할 수 있는 경우가 있다. 이 경우, 두 사건 사이의 간격은 그 물체에 있는 관찰자가 두 사건 사이의 시간으로 판단하는 것이다. 이러한 간격을 '시간적'이라고 한다(시간의 상대성).

두 사건 사이의 간격은 관찰자의 특정 상황에 따라 달라지는 것이 아니라, 두 사건에 대한 물리적 사실이다.

상대성이론에는 특수 상대성이론과 일반 상대성이론의 두 가지 형태가 있다. 전자는 대체로 유효하지만, 중력 물질에 의해 영향을 받지 않는 아주 먼 거리에서는 정확하다. 특수 상대성이론을 적용할 수 있는 경우, 두 사건 사이의 공간 거리와 시간 거리, 즉 어떤 관찰자가 추정한 거리를 알면 간격을 계산할 수 있다. 만약 공간적 거리가 빛이 그 시간 동안 이동할 수 있는 거리보다 크면, 간격은 공간적이다. 그러면 다음과 같은 방법으로 두 사건 사이의 간격을 구할 수 있다.

1. 빛이 그 시간 동안 이동할 거리만큼의 길이인 선 AB를 그린다.

2. A를 중심으로 두 사건 사이의 공간적 거리를 반지름으로 하는 원을 그린다.

3. B를 통해 AB에 수직인 BC를 그려 원과 만나는 지점 C를 찾는다.

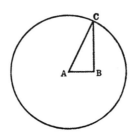

그러면 BC의 길이가 두 사건 사이의 간격이다.

거리가 시간적일 때는 동일한 도형을 사용하되, 다음과 같이 설정한다. AC를 이제 빛이 그 시간 동안 이동할 거리로 하고, AB는 두 사건 사이의 공간적 거리로 설정한다. 그러면 두 사건 사이의 간격은 빛이 BC 거리를 이동하는 데 걸리는 시간이다.

AB와 AC는 관찰자마다 다르지만, BC의 길이는 일반 상대성 이론에 의해 수정하면 모든 관찰자에게 동일하다. BC는 기존의 물리학에서 공간과 시간의 두 구간을 대체하는 하나의 '시공간' 구간을 나타낸다. 지금까지는 이 간격의 개념이 다소 신비롭게 느껴질 수 있지만, 앞으로 진행하면서 그 신비함은 점점 줄어들 것이며 그 본질적인 이유가 점차 드러날 것이다.

제5장

시공간

SPACE-TIME

상대성이론에 대해 들어본 사람이라면 누구나 '시공간'이라는 용어를 알고 있으며, 이전에 '공간과 시간'이라고 했던 용어 대신 사용하는 것이 옳다는 것도 알고 있다. 그러나 수학자가 아닌 대부분의 사람들은 이 용어 변경의 의미를 명확히 이해하지 못한다. 특수 상대성이론을 더 다루기 전에, '시공간'이라는 새로운 용어가 무엇을 포함하고 있는지 전달하려고 한다. 이 용어는 철학과 상상력이라는 관점에서, 아인슈타인이 도입한 모든 새로운 개념들 중 가장 중요한 것일 수 있다.

비행기의 폭발과 같이 어떤 사건이 발생한 장소와 시간을 말하려면 위도와 경도, 지면에서의 높이 그리고 시간 등 네 가지 양(量)을 언급해야 한다. 전통적인 관점에 따르면, 앞의 세 가지는 공간에서의 위치를 제공하고, 네 번째로는 시간에서의 위치를 제공한다. 공간에서의 위치를 제공하는 세 가지 양은 여러 가지 방법으로 지정할 수 있다. 예를 들어, 적도의 평면, 그리니치의 자오선 평면, 그리고 90°의 자오선 평면을 선택하여 공중에서 비행기가 각 평면에서 얼마나 떨어져 있는지를 말할 수 있다. 이 세 가지 거리는 데카르트의 이름을 따서 '데카르트 좌표'라고 부른다.

서로 직각인 다른 세 평면을 선택해도 여전히 데카르트 좌표를 얻을 수 있다. 또는 런던에서 비행기 바로 아래의 지점까지의 거리, 이 거리의 방향(예를 들어, 북동쪽, 서남서쪽 등), 그리고 지면에서 비행기의 높이를 선택할 수도 있다. 공간에서의 위치를 정하는 방법은 무한히 많으며, 모두 똑같이 합리적인 방법이며 선택은 단지 편의의 문제일 뿐이다.

사람들이 공간에는 세 가지 차원이 있다고 말할 때, 공간에서 한 점의 위치를 지정하려면 세 가지 양이 필요하지만, 이러한 양을 할당하는 방법은 전적으로 임의적이라는 의미였다.

시간의 경우에는 전혀 다른 문제라고 생각했다. 시간을 측정할 때 유일하게 임의적인 요소는 단위와 측정이 시작되는 시점뿐이었다. 그리니치 시간으로 측정할 수도 있고, 파리 또는 뉴욕 시간으로 측정할 수도 있다. 이것은 출발 지점의 차이를 의미한다. 초, 분, 시간, 일, 또는 년으로 계산할 수도 있다. 이것은 단위의 차이를 의미한다. 이 두 가지 모두 명백하고 평범한 문제였다. 공간에서 위치를 고정하는 방법과는 달리 자유롭게 선택할 수 있는 것이 없었다. 특히 공간에서 위치를 고정하는 방법과 시간에서 위치를 고정하는 방법은 서로 완전히 독립적일 수 있다고 생각했다. 이러한 이유로 사람들은 시간과 공간을 완전히 구별되는 것으로 간주했다.

상대성이론은 이를 변화시켰다. 이제는 시간 속에서 위치를 고정하는 여러 가지 방법이 존재하며, 이는 단순히 단위와 시작되는 시점만의 차이에 그치지 않는다. 사실, 우리가 본 바와 같이, 하나의 사건이 어떤 기준에서는 다른 사건과 동시에 발생했다면, 다른 기준에서는 그 사건보다 먼저 발생하거나, 또 다른 기준에서는 그 사건 뒤에 발생할 수 있다. 게다가, 공간과 시간 계산은 더 이상 서로 독립적이지 않다. 공간에서 위치를 계산하는 방식을 바꾸면, 두 사건 간의 시간 간격도 달라질 수 있다. 마찬가지로, 시간을 계산하는 방식을 바꾸면, 두 사건 간의 공간적 거리가 달라질 수 있다.

따라서 공간과 시간은 더 이상 서로 독립적이지 않으며, 이는 공간의 세 차원이 서로 독립적이지 않은 것과 마찬가지다. 여전히 사건의 위치를 결정하려면 네 가지 양이 필요하지만, 이전처럼 이 네 가지 중 하나를 나머지 세 가지와 완전히 독립적으로 분리할 수는 없다.

시간과 공간 사이에 더 이상 아무런 구별이 없다고 말하는 것은 사실과 다르다. 지금까지 살펴보았듯이, 시간적 간격과 공간적 간격은 존재한다. 그러나 이전에 가정했던 것과는 다른 종류의 구별이다. 더 이상 우주 전체에 모호하지 않게 적용될 수 있는 보편적인 시간은 존재하지 않으며, 오직 우주에 있는 여러 물체들의 다양한 '고유 시간'만이 있을 뿐이다. 이 고유 시간은 서로 빠르게 상대 운동을 하지 않는 두 물체 사이에서는 대략적으로 일치하지만, 상대적으로 정지해 있는 두 물체를 제외하고는 정확히 일치하지 않는다.

이 새로운 상태에 필요한 세계의 모습은 다음과 같다. 내가 어떤 사건 E를 경험하고, 동시에 나에게서 모든 방향으로 빛이 퍼져 나간다고 가정하자. 빛이 도달한 후에 어떤 물체에서 발생하는 모든 일은 어떤 시간 측정 시스템에서도 사건 E 이후에 발생한 것이 확실하다. 사건 E가 발생하기 전에 내가 볼 수 있었던 어떤 사건은 어떤 시간 측정 시스템에서도 사건 E 이전에 발생한 것이 확실하다. 그러나 그 사이에 발생한 사건은 사건 E 이전이나 이후로 확실히 구분할 수 없다.

문제를 명확히 하기 위해, 내가 시리우스의 사람을 관찰할 수 있고, 그가 나를 관찰할 수 있다고 가정하자. 그가 하는 모든 일 중에서 사건 E가 발생하기 전에 내가 보는 것은 확실히 E 이전의 일이다. 그가 사건 E를 본 후에 하는 모든 일은 확실히 E 이후의 일이다. 그러나 그가 사건 E를 보기 전에 하는 모든 일을 내가 사건 E 이후에 보게 되는 경우, 그 사건이 사건 E 이전인지 이후인지 확실히 구분할 수 없다. 시리우스에서 지구까지 빛이 수년이 걸리기 때문에, 이 기간 동안의 시리우스의 시간은 사건 E와 '동시적'으로 간주될 수 있으며, 이러한 시간은 사건 E 이전이나 이후로 확실히 구분되지 않는다.

알프레드 롭(A. A. Robb) 박사는 〈시간과 공간의 이론〉에서 앞에서 설명한 상황을 이해하는 데 도움이 될 수 있는 관점을 제시한다. 이 관점이 철학적으로 근본적일 수도 있고 아닐 수도 있지만, 적어도 이해하는 데 도움이 된다. 그는 한 사건이 다른 사건보다 확실히 이전에 있다고 말할 수 있는 경우는 그 사건이 다른 사건에 어떤 식으로든 영향을 미칠 수 있을 때라고 주장한다. 이제 영향력은 중심에서 다양한 속도로 퍼져 나간다.

신문은 런던에서 출발하여 시간당 약 20마일의 평균속도로 먼 거리까지 영향을 미친다. 어떤 사람이 신문에서 읽은 내용 때문에 행동하는 것은 분명히 신문이 인쇄된 이후의 일이다. 소리는 훨씬 더 빠르게 전파된다. 주요 도로에 커다란 확성기들을 배열하고 각 확성기에서 다음 확성기로 신문기사를 소리쳐 전달하는 것이 가능할 것이다. 그러나 전신은 더 빠르고, 무선 전신은 빛의 속도로 이동하므로 그보다 더 빠른 것은 기대할 수 없다.

이제, 무선 메시지를 받은 사람이 그에 따라 행동하는 것은 메시지가 발송된 후에 이루어진다. 여기서 의미하는 바는 시간 측정에 관한 규칙과는 전혀 무관하다. 그러나 메시지가 전송되는 동안 그 사람이 하는 일은 모두 메시지 발송에 의해 영향을 받을 수 없으며, 메시지 발송자는 메시지를 보낸 후 일정 시간이 지난 후에야 영향을 받을 수 있다. 즉, 두 물체가 널리 떨어져 있을 때, 일정한 시간이 지난 후에야 서로에게 영향을 미칠 수 있다. 그 시간이 지나기 전의 일은 먼 물체에 영향을 미칠 수 없다.

예를 들어, 태양에서 어떤 중요한 사건이 발생한다고 가정하자. 지구에서는 이 사건이 발생한 후 16분 동안은 지구에서 일어난 어떤 사건도 태양에서 일어난 중요한 사건에 영향을 미치거나 받을 수 없다. 이것은 지구에서의 16분을 태양에서 일어난 사건의 전도 아니고 후도 아닌 기간으로 간주할 수 있는 실질적인 근거가 된다.

특수 상대성이론의 역설들은 단지 우리가 그 관점에 익숙하지 않기 때문이며, 당연하지 않은 것을 당연하게 받아들이는 습관 때문이다. 이것은 길이의 측정에서 특히 그렇다. 일상생활에서 길이를 측정할 때 우리는 자나 다른 측정도구를 사용한다. 자를 적용하는 순간, 그 자는 측정하려는 물체에 대해 정지해 있다. 따라서 우리가 측정해서 얻는 길이는 '고유 길이'이다. 즉, 물체와 함께 운동하는 관찰자가 추정한 길이인 것이다.

일상생활에서 우리는 끊임없이 움직이는 물체를 측정하는 문제를 다룰 일이 없다. 설령 그런 일이 있다 해도, 지구상에서 보이는 물체들의 속도는 지구에 비해 매우 느리기 때문에 상대성이론에서 다루는 특이 현상은 나타나지 않을 것이다. 하지만 천문학이나 원자 구조를 연구할 때 우리는 이런 방식으로는 다룰 수 없는 문제들을 마주치게 된다.

우리는 조물주가 아니므로, 태양을 측정하는 동안 태양을 멈추게 할 수 없다. 따라서 태양의 크기를 추정하려면, 우리와 상대적으로 움직이는 상태에서 해야 한다. 마찬가지로, 전자의 크기를 추정하려면, 전자가 결코 멈춰 있지 않기 때문에 빠르게 움직이는 상태에서 측정해야 한다. 이것이 바로 상대성이론이 다루는 문제의 유형이다.

자를 사용한 측정이 가능할 때, 항상 같은 결과가 나오는 것은 '고유 길이'를 측정하기 때문이다. 하지만 이 방법이 불가능할 때, 특히 측정하려는 물체가 관찰자에 비해 매우 빠르게 움직이고 있다면 이상한 현상이 발생한다.

이전 장의 마지막 부분에 제시한 그림은 이러한 상황을 이해하는 데 도움이 될 것이다.

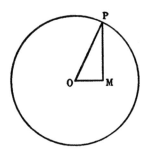

길이를 측정하려는 물체가 우리에 대해 상대적으로 움직이고 있고, 그 물체가 1초 동안 OM의 거리를 이동한다고 가정하자. O를 중심으로, 빛이 1초 동안 이동하는 거리를 반지름으로 하는 원을 그리자. M에서 OM에 수직인 MP를 그려 원과 만나는 점을 P로 하자. 이렇게 해서 OP는 빛이 1초 동안 이동한 거리가 된다. OP와 OM의 비율은 빛의 속도와 물체의 속도의 비율이다. OP와 MP의 비율은 운동에 의해 겉보기 길이가 변하는 비율이다. 즉, 관찰자가 움직이는 물체의 운동 방향에 있는 두 점 사이의 거리를 MP로 판단한다면, 그 물체와 함께 움직이는 사람은 그 거리를 (같은 척도에서) OP로 판단할 것이다.

운동 방향에 직각으로 움직이는 물체의 거리는 운동의 영향을 받지 않는다. 이 모든 것이 상호적이다. 움직이는 물체와 함께 이동하는 관찰자가 이전 관찰자의 물체의 길이를 측정할 때도 똑같은 비율로 변하게 된다. 두 물체가 서로 상대적으로 움직이고 있을 때, 서로에 대해 측정한 길이는 자신에게 보이는 길이보다 더 짧게 보인다.

이것이 피츠제럴드 수축(Fitzgerald contraction)으로, 처음에는 마이컬슨–몰리 실험의 결과를 설명하기 위해 고안되었다. 그러나 이제는 두 관찰자가 동시성에 대해 동일한 판단을 하지 않는다는 사실에서 자연스럽게 나타난다.

동시성이 개입되는 방식은 다음과 같다. 우리는 한 물체의 두 지점에 자의 한쪽 끝과 다른 쪽 끝에 동시에 적용할 수 있을 때 두 지점이 1피트 떨어져 있다고 말한다. 이제 두 사람이 동시성에 대해 의견이 다르고, 그 물체가 움직이고 있다면, 그들은 분명히 서로 다른 측정 결과를 얻게 될 것이다. 따라서 시간에 관한 문제는 결국 거리와 관련된 문제의 근본적인 원인이다.

이 모든 문제에서 중요한 것은 OP와 MP의 비율이다. 시간이든 길이든 질량이든, 관련된 물체가 관찰자에 대해 움직이고 있을 때 이 비율에 따라 모두 변화한다. 만약 OM이 OP보다 훨씬 작다면, 즉 물체가 빛보다 훨씬 느리게 움직인다면, MP와 OP

는 거의 같아지며, 따라서 운동에 의해 발생하는 변화는 매우 작다. 그러나 OM이 OP에 거의 가까워진다면, 즉 물체가 빛과 거의 같은 속도로 움직인다면, MP는 OP에 비해 매우 작아지고, 그로 인해 효과는 매우 커진다.

빠르게 움직이는 입자의 질량이 증가하는 현상은 이미 관측되었고, 아인슈타인이 특수 상대성이론을 고안하기 전에 올바른 공식이 발견되었다. 실제로 로렌츠는 특수 상대성이론의 수학적 본질을 담고 있는 '로렌츠 변환'이라는 공식을 도출해냈다. 그러나 이 모든 것이 우리가 원래 예상해야 했던 것임을 보여준 사람은 아인슈타인이다. 이는 놀라운 실험 결과를 설명하기 위한 임시방편이 아니라는 것이다. 그럼에도 불구하고, 실험 결과가 이 이론의 전체 동기가 되었으며, 아인슈타인의 이론에 포함된 엄청난 논리적 재구성을 시도하게 만든 근거가 되었다는 점을 잊어서는 안 된다.

이제 우리가 공간과 시간 대신 '시공간'을 사용해야 하는 이유를 요약할 수 있다. 과거의 공간과 시간의 분리는, 멀리 떨어진 두 사건이 동시에 일어났다고 말하는 것에 모호함이 없다는 믿음에 근거하고 있었다. 따라서 우주의 지형을 특정 순간에 오직 공간적인 용어로만 설명할 수 있다고 생각했다. 그러나 이제 동시성이 특정 관찰자에 상대적인 것이 되었기 때문에, 이는 더 이상 가능하지 않다. 한 관찰자에게는 특정 순간에 세계의 상태에 대한 묘사가, 다른 관찰자에게는 다른 여러 시간에 일어난 일련의 사건들로 보이며, 그 사건들의 관계는 단순히 공간적일 뿐만 아니라 시간적이기도 하다.

같은 이유로 우리는 물체보다는 사건에 주목하게 된다. 과거의 이론에서는 여러 물체들을 모두 같은 순간에 고려하는 것이 가능했고, 그들이 모두 같은 시간을 공유하므로 시간을 무시할 수 있었다. 그러나 이제 우리가 물리적 사건들을 객관적으로 설명하려면 그렇게 할 수 없다.

우리는 물체를 고려할 때 그 시점을 반드시 언급해야 하며, 이를 통해 '사건'에 도달하게 된다. 즉, 특정 시간에 발생하는 무언가를 말하는 것이다.

한 관찰자의 계산 체계에서 사건의 시간과 장소를 알면, 다른 관찰자에 따른 그 사건의 시간과 장소를 계산할 수 있다. 그러나 우리는 장소뿐만 아니라 시간을 알아야 한다. 왜냐하면 더 이상 새로운 관찰자가 '동일한' 시간에 그 사건이 어디에 있는지 물을 수 없기 때문이다.

서로 다른 관찰자에게는 '동일한' 시간이란 존재하지 않으며,

그들이 서로 상대적으로 정지해 있지 않는 한 그렇다. 위치를 고정하려면 네 개의 측정값이 필요하며, 네 개의 측정값은 공간에 있는 단순한 물체의 위치가 아니라, 시공간 속에서 사건의 위치를 고정한다. 세 개의 측정값만으로는 어떤 위치도 고정할 수 없다. 이것이 공간과 시간을 시공간으로 대체해야 한다는 의미의 본질이다.

제6장

특수 상대성이론
THE SPECIAL THEORY OF RELATIVITY

특수 상대성이론은 전자기학의 사실들을 설명하기 위한 방법으로 등장했다. 여기에는 다소 흥미로운 역사가 있다. 18세기와 19세기 초에는 전기 이론이 뉴턴적 유추가 전적으로 지배하고 있었다. 두 전하가 양전하와 음전하로 서로 다른 종류일 때는 서로 끌어당기지만, 같은 종류일 때는 서로 밀어낸다. 각각의 경우, 그 힘은 중력과 마찬가지로 거리의 제곱에 반비례하여 변화한다. 이 힘은 패러데이*가 여러 가지 놀라운 실험을 통해 중간 매질의 효과를 입증하기 전까지는 원격작용이라고 생각했다. 패러데이는 수학자가 아니었으며, 그의 실험에서 제시된 결

_____

* Michael Faraday 1791~1867: 영국의 물리학자, 화학자. 전자기학과 전기화학 분야에 큰 기여를 했다. 그가 발명한 전자기 회전 장치는 전기 모터의 근본적 형태가 되었고, 전기를 실생활에 사용할 수 있게 되었다.

과를 최초로 수학적 형식으로 표현한 사람은 맥스웰*이었다.

  게다가 맥스웰은 빛이 전자기 현상, 즉 전자기파로 이루어져
있다고 생각할 근거를 제공했다. 따라서 전자기 효과의 전달 매
질은 오랫동안 빛을 전달한다고 가정되어 왔던 에테르로 간주
될 수 있었다.

  맥스웰의 빛 이론의 정확성은 헤르츠가 전자기파를 만들어내
는 실험을 통해 증명했으며, 이 실험들은 무선전신의 기초가 되
었다. 지금까지 우리는 이론과 실험이 교대로 주도적인 역할을
하는 승리의 기록을 보았다. 헤르츠의 실험 당시 에테르는 확고
하게 자리 잡은 듯이 보였고, 직접 검증할 수 없는 다른 과학적
가설들만큼이나 강력한 위치에 있었다. 그러나 새로운 사실들
이 발견되기 시작하면서 점차 전체적인 그림이 바뀌었다.

  헤르츠로 절정에 이른 이 움직임은 모든 것을 연속적으로 만
들려는 것이었다. 에테르는 연속적이었고, 그 안의 파동도 연속
적이었으며, 물질 또한 에테르 속에서 연속적인 구조로 이루어
져 있을 것이라고 기대했다. 그러다가 전자(電子)의 발견이 이루
어졌는데, 전자는 음전하를 띠는 작은 유한 단위였고, 양성자는
양전하를 띠는 작은 유한 단위였다.

  가장 현대적인 관점은 전기가 전자와 양성자 형태 외에는 존

_____

* James Maxwell 1831~1879: 영국의 물리학자, 수학자. 맥스웰은 전기장과 자기장이
공간에서 빛의 속도로 전파되는 파동을 이룰 수 있음을 증명하였다.

80

재하지 않는다는 것이다. 모든 전자는 동일한 양의 음전하를 가지고 있고, 모든 양성자는 정확히 동일한 양의 반대되는 양전하를 가지고 있다.

연속적인 현상으로 여겨졌던 전류는 실제로는 한쪽으로 이동하는 전자들과 반대 방향으로 이동하는 양이온들로 구성된다는 것이 밝혀졌다. 이는 에스컬레이터를 오르내리는 사람들의 흐름이 완전히 연속적이지 않은 것과 마찬가지이다.

그 후, 충분히 정밀하게 측정할 수 있는 모든 자연 과정에는 근본적인 불연속성이 있는 것으로 보이는 양자(quanta)의 발견이 이루어졌다. 이처럼 물리학은 새로운 사실들을 받아들이고 새로운 문제들에 직면해야 했다.

하지만 전자와 양자에 의해 제기된 문제들은 현재로서는 상대성이론이 해결할 수 있는 문제가 아니다. 상대성이론은 자연에 존재하는 불연속성에 대해 아무런 해답을 제시하지 않는다. 특수 상대성이론이 해결한 문제는 마이컬슨-몰리 실험에서 전형적으로 나타난다.

맥스웰의 전자기 이론이 올바르다고 가정하면, 에테르를 통한 운동의 효과가 발견되어야 했지만, 실제로는 아무런 효과가 없었다. 또한, 매우 빠르게 움직이는 물체의 질량이 증가하는 것으로 관찰되었고, 이 증가는 이전 장의 그림에서 OP와 MP의 비율로 나타났다. 이러한 종류의 사실들이 점차적으로 축적되면서, 모든 사실을 설명할 수 있는 이론을 찾는 것이 필수적이 되었다.

맥스웰의 이론은 '맥스웰 방정식'으로 알려진 특정 방정식들로 축약되었다. 물리학이 지난 50년 동안 겪은 모든 혁명에도 불구하고, 이 방정식들은 계속 유지되었고, 실제로 그 중요성과 확실성은 계속해서 늘어났다. 맥스웰이 제시한 방정식을 지지하는 논거는 매우 불안정했기 때문에, 그의 결과의 정확성은 거의 직관에 기인한다고 볼 수 있다. 물론 이 방정식은 지상 실험실에서 실험을 통해 얻은 것이지만, 에테르를 통한 지구의 움직임은 무시할 수 있다는 암묵적인 가정이 있었다.

마이컬슨-몰리 실험과 같은 특정한 경우에는, 측정 가능한 오류 없이 이를 무시할 수 없어야 했지만, 언제나 무시할 수 있는 것으로 나타났다. 물리학자들은 맥스웰 방정식이 예상보다 더 정확하다는 이상한 난관에 직면하게 되었다.

근대 물리학의 초기에 이와 매우 유사한 어려움을 갈릴레오가 설명했다. 대부분의 사람들은 물체를 떨어뜨리면 수직으로 낙하할 것이라고 생각한다. 그러나 이 실험을 움직이는 배의 선실에서 시도해 보면, 물체는 배가 정지해 있을 때와 마찬가지로 선실 내에서 수직으로 떨어진다. 예를 들어, 물체가 천장 중앙에서 떨어지기 시작하면 바닥 중앙에 떨어진다. 즉, 해안에 있는 관찰자의 관점에서 보면, 물체는 수직으로 떨어지지 않으며, 이는 물체가 배의 운동을 함께 공유하고 있기 때문이다.

배가 일정하게 움직이는 한, 배 안에서는 마치 배가 움직이지 않는 것처럼 모든 일들이 진행된다. 갈릴레오는 이런 현상이 어떻게 일어나는지 설명했고, 아리스토텔레스 제자들은 크게 분노했다. 갈릴레오에서 시작된 정통 물리학에서는 직선의 균일한 운동에서는 아무런 효과도 발견할 수 없다. 아인슈타인의 상대성이론이 우리에게 그렇듯이 당시로서는 놀라운 형태의 상대성이론이었다. 아인슈타인은 특수 상대성이론에서 전자기 현상이 에테르를 통과하는 균일한 운동에 어떻게 영향을 받지 않을 수 있는지를 보여주려고 했다. 이는 단순히 갈릴레오의 원리를 고수하는 것만으로는 해결할 수 없는 더 어려운 문제였다.

이 문제를 해결하기 위해 필요한 정말 어려운 노력은 시간에 대한 것이었다. '고유 시간(proper time)'이라는 개념을 도입해야 했으며, 하나의 보편적인 시간에 대한 기존의 믿음을 버려야 했다. 전자기 현상의 양적 법칙은 맥스웰 방정식으로 표현되며, 이 방정식은 관찰자가 어떻게 움직이든 상관없이 항상 참인 것으로 확인된다.

두 관찰자가 서로 상대적으로 움직이고 있음에도 불구하고 그들이 동일한 방정식을 확인할 수 있으려면, 한 관찰자가 적용하는 측정과 다른 관찰자가 적용하는 측정 사이에 어떤 차이가 있어야 하는지를 알아내는 것은 순전히 수학적인 문제이다. 그 해답은 로렌츠가 공식으로 찾아낸 '로렌츠 변환'에 포함되어 있지만 아인슈타인이 해석하고 이해하기 쉽게 설명했다.

로렌츠 변환은 상대적인 운동을 알고 있는 한 관찰자가 다른 관찰자의 거리와 시간을 알고 있을 때 어떻게 거리와 시간을 추정할지를 예측한다. 당신이 동쪽으로 향하는 기차를 타고 있다고 가정하자. 출발한 역에 있는 시계에 따르면, 당신은 t시간 동안 여행을 하고 있다. 출발 지점에서 측정한 거리가 x인 지점에서, 이 순간 어떤 사건이 발생한다.

예를 들어, 번개가 선로에 내리친다고 하자. 당신은 그동안 일정한 속도 v로 이동하고 있었다. 이제 질문은 다음과 같다. 당신이 보기에 이 사건이 얼마나 먼 곳에서 일어났다고 판단할 것이며, 당신의 시계에 따르면 출발 후 얼마나 지난 후에 이 사건이 일어난 것으로 측정될까? 단, 당신의 시계는 기차에 있는 관찰자의 관점에서 정확하다고 가정한다.

이 문제에 대한 우리의 해결책은 몇 가지 조건을 만족시켜야 한다. 첫째, 관찰자가 어떻게 움직이든 모두에게 빛의 속도가 동일하다는 결과를 도출해야 한다. 둘째, 물리적 현상, 특히 전자기 현상이 서로 다른 관찰자에게 동일한 법칙을 따르도록 해야 하며, 그들이 거리를 측정하는 방식과 시간이 운동에 의해 어떻게 영향을 받든 상관없이 동일해야 한다. 셋째, 모든 측정에 대한 이러한 효과가 상호적이어야 한다. 즉, 당신이 기차에 있고 당신의 운동이 기차 밖의 거리 측정에 영향을 미친다면, 기차 밖에 있는 사람들이 기차 내부 거리를 측정할 때도 정확히 동일한 변화가 있어야 한다. 이러한 조건들은 문제의 해결책을 결정하는 데 충분하지만, 그 해결책을 구하는 방법은 이 책에서 다루기에 너무 많은 수학적 설명이 필요하다.

이 문제를 일반적인 용어로 다루기 전에, 한 가지 예를 들어 보자. 당신이 긴 직선 철도에서 기차를 타고 있으며, 빛의 속도의 5분의 3으로 이동하고 있다고 가정해보자. 당신이 기차의 길이를 측정했더니, 100야드였다고 해보자. 당신이 지나가는 모습을 순간적으로 본 사람들이 과학적인 방법을 사용해 기차의 길이를 관측하고 계산한다고 하자. 그들이 정확하게 작업을 수행한다면, 기차의 길이는 80야드라고 계산할 것이다. 기차 안의 모든 것이 당신에게 보이는 것보다 기차의 이동 방향에서 더 짧게 보일 것이다. 예를 들어, 당신에게는 보통의 원형 접시처럼 보이는 식사용 접시가 외부 사람들에게는 타원형처럼 보일 것이다. 기차가 이동하는 방향에서 접시는 기차의 너비 방향에서 보이는 것보다 5분의 4만큼 좁아 보일 것이다. 이 모든 현상은 상호적이다. 만약 당신이 창문 밖을 보았을 때, 한 사람가 낚싯대를 들고 있다고 가정해보자. 그 사람의 측정에 따르면, 낚싯대의 길이는 15피트이다.

그 사람이 낚싯대를 수직으로 들고 있다면, 당신은 그 낚싯대를 그가 보는 것과 똑같이 볼 것이다. 낚싯대를 철도에 직각이 되는 수평으로 들고 있어도 마찬가지다. 하지만 그가 낚싯대를 철도와 같은 방향으로 들고 있다면, 당신에게 그 낚싯대는 12피트 정도로 짧게 보일 것이다. 운동 방향의 모든 길이는 외부에서 기차를 보는 사람들에게도, 기차 안에서 바깥을 보는 사람들에게도 20%씩 줄어든다.

하지만 시간과 관련된 효과는 더욱 이상하다. 이 문제는 에딩턴이 〈공간, 시간 그리고 중력〉에서 거의 이상적으로 명쾌하게 설명했다. 그는 지구에 대해 초속 161,000마일로 여행하는 비행사를 가정하면서 이렇게 말한다.

"우리가 그 비행사를 주의 깊게 관찰한다면, 그가 비정상적으로 느리게 움직인다고 추론하게 될 것이다. 그와 함께 움직이는 운송수단 내의 사건들도 마찬가지로 느려질 것이며, 마치 시간이 더 이상 흐르지 않는 것처럼 보일 것이다. 나는 '추론한다'는 말을 의도적으로 사용했다.

우리는 시간이 훨씬 더 극단적으로 느려지는 것을 보게 될 텐데, 이는 쉽게 설명된다. 비행사는 빠르게 우리로부터 멀어지고 있으며, 빛이 우리에게 도달하는 데 점점 더 많은 시간이 걸리기 때문이다. 빛의 전달 시간을 감안한 후에도, 어느 정도의 시간 지연이 남게 된다. 하지만 여기에서도 상호성이 작용하는데, 비행사의 관점에서는 우리가 초당 161,000마일의 속도로 그를 지나가고 있는 것이다. 그가 모든 조건을 고려했을 때, 비행사는 우리가 느리다고 판단하게 된다."

시간에 관한 이 문제는 다소 복잡하다. 한 사람이 동시에 일어난다고 판단하는 사건을 다른 사람은 시간차가 있는 것으로 여길 수 있기 때문이다. 시간이 어떻게 영향을 받는지 명확하게 설명하기 위해, 다시 빛의 속도의 5분의 3으로 동쪽으로 이동하는 기차의 예로 돌아가 보자. 설명을 돕기 위해, 지구가 작고 둥글지 않고 크고 평평하다고 가정하자.

만약 우리가 지구상의 고정된 한 지점에서 일어나는 사건들을 선택하여, 여행자에게는 그 사건들이 여행을 시작한 후 얼마나 지나서 보일지를 자문해 본다면, 에딩턴이 말한 지연 현상이 발생한다는 답을 얻게 된다. 이 경우, 정지된 사람의 생활에서 한 시간처럼 보이는 시간이 기차에서 그를 관찰하는 사람에게는 1시간 15분으로 판단된다. 반대로, 기차 안에 있는 사람에게 한 시간처럼 보이는 시간이 기차 밖에서 그를 관찰하는 사람에게는 1시간 15분으로 보인다. 서로가 상대방의 생활에서 관찰한 시간의 길이를, 그 시간을 실제로 경험하는 사람의 시간보다 4분의 1만큼 더 길게 판단하는 것이다. 시간에 대한 비율은 거리와 마찬가지로 동일하다.

하지만 지구상의 동일한 장소에서 일어나는 사건들을 비교하는 대신, 멀리 떨어진 장소에서 일어나는 사건들을 비교하면, 결과는 더욱 기묘해진다. 이제 지구에 고정된 사람이 보기에 특정한 순간, 예를 들어 기차 안의 관찰자가 고정된 사람을 지나가는 바로 그 순간에 일어나는 철도 주변의 모든 사건을 살펴보자. 이러한 사건들 중에서, 기차가 향하는 방향에 있는 지점에서 일어난 사건들은 여행자에게는 이미 일어난 것처럼 보일 것이고, 기차 뒤쪽에 있는 지점에서 일어난 사건들은 아직 미래에 있을 일로 보일 것이다.

내가 앞쪽 방향의 사건들이 이미 일어난 것처럼 보일 것이라고 말할 때, 이는 엄밀히 말해 정확한 표현은 아니다. 그는 아직 그 사건들을 보지 못했기 때문이다. 그러나 그 사건들을 보게 되었을 때, 빛의 속도를 감안한 후, 그 사건들은 해당 순간보다 이전에 발생했을 것이라는 결론을 내리게 될 것이다.

철도 앞쪽에서 일어난 사건이 고정된 관찰자에게 현재 일어나는 것으로 판단되는 경우(혹은 그가 그 사건을 알게 되었을 때 지금 일어난 것이라고 판단할 경우), 그 사건이 빛이 1초 동안 이동할 수 있는 거리에서 발생했다면, 여행자는 그 사건이 4분의 3초 전에 일어난 것으로 판단할 것이다.

만약 그 사건이 두 관찰자와의 거리에서 지구에 있는 사람이 빛이 1년 동안 이동할 수 있는 거리에서 발생했다고 판단한다면, 여행자는 그 사건이 자신이 지구에 있는 사람을 지나친 순간보다 9개월 전에 발생했다고 판단할 것이다.

일반적으로, 여행자는 철도 앞쪽에서 일어난 사건들을, 그가 지상에 있는 사람을 막 지나칠 때 그 사건들로부터 빛이 그 사람에게 도달하는 데 걸리는 시간의 4분의 3만큼 이전에 일어난 것으로 볼 것이다.

이때 지상에 있는 사람은 그 사건들이 현재 일어나고 있다고 생각하거나, 빛이 그에게 도달했을 때 그 사건들이 그 순간 일어난 것이라고 생각할 것이다. 반면, 기차 뒤쪽에서 일어난 사건들은 정확히 같은 시간만큼 나중에 발생한 것으로 판단될 것이다.

따라서 지구의 관찰자로부터 여행자로 옮겨 갈 때 사건의 날짜를 두 번 수정해야 한다. 먼저 지구 거주자가 추정한 시간의 4

분의 5를 취하고, 그 다음에는 해당 사건이 지구 거주자에게 빛이 도달하는 데 걸리는 시간의 4분의 3을 빼야 한다.

우주 먼 곳에서 일어난 어떤 사건이 지구에 있는 사람과 여행자가 서로를 지나치는 순간에 동시에 보이게 되었다고 가정하자. 지구에 있는 사람이 그 사건이 발생한 거리를 알고 있다면, 빛의 속도를 알고 있기 때문에 그 사건이 얼마나 오래 전에 일어났는지 판단할 수 있다.

만약 그 사건이 여행자가 이동하는 방향에서 발생했다면, 여행자는 그 사건이 지구에 있는 사람이 생각하는 것보다 두 배 일찍 일어났다고 추론할 것이다. 그러나 그 사건이 그가 지나온 방향에서 발생했다면, 여행자는 지구에 있는 사람이 생각하는 것의 절반만큼 전에 일어났다고 추론할 것이다. 여행자의 속도가 다르면, 이러한 비율도 달라질 것이다.

이제 두 개의 새로운 별이 갑자기 밝아져, 여행자와 그를 지나치는 지구에 있는 사람에게 동시에 보이게 되었다고 가정해 보자. 하나의 별은 기차가 이동하는 방향에 있고, 다른 하나는 기차가 지나온 방향에 있다. 지구에 있는 사람이 두 별의 거리를 추정할 수 있고, 각각의 별에서 그에게 빛이 도달하는 데 걸리는 시간이 하나는 50년, 다른 하나는 100년이라고 추론할 수 있다고 하자. 그는 기차가 이동하는 방향에 있는 새로운 별을 만든 폭발은 50년 전에 일어났고, 다른 새로운 별을 만든 폭발은 100년 전에 일어났다고 추론할 것이다.

여행자는 정확히 이 수치를 반대로 해석할 것이다. 그는 기차가 이동하는 방향에서 일어난 폭발이 100년 전에 발생했다고 추론하고, 기차가 지나온 방향에서의 폭발은 50년 전에 일어났다고 추론할 것이다. 여기서 두 사람 모두 정확한 물리적 데이터를 바탕으로 올바르게 추론하고 있다고 가정하겠다. 사실, 둘 다 옳으며, 상대방이 틀렸다고 생각하지 않는 한 그렇다. 주목할 점은, 두 사람 모두 빛의 속도에 대해 동일한 추정치를 갖는다는 것이다. 왜냐하면 새로운 두 별까지의 거리에 대한 그들의 추정치는 폭발이 일어난 이후의 시간에 대한 추정치와 정확히 같은 비율로 달라지기 때문이다.

실제로 이 이론 전체의 주요 동기들 중 하나는, 관찰자가 어떻게 움직이든 빛의 속도가 모두에게 동일하다는 사실을 확보하는 것이다. 실험을 통해 확립된 이 사실은 오래된 이론들과 양립할 수 없었고, 충격적인 무언가를 무조건 인정하도록 요구하기에 이르렀다.

상대성이론은 사실과 모순되지 않기 때문에 별로 놀라울 것이 없다. 실제로 시간이 지나면 전혀 놀라운 것으로 보이지 않게 될 것이다.

우리가 살펴본 이론에서 매우 중요한 또 다른 특징이 있다. 그것은 거리와 시간이 서로 다른 관찰자들에 따라 달라지지만, 이러한 값들로부터 모든 관찰자에게 동일한 '간격'이라는 양을 도출할 수 있다는 것이다.

특수 상대성이론에서 '간격'은 다음과 같이 구해진다. 두 사건 사이의 거리의 제곱과 두 사건 사이에 빛이 이동한 거리(즉, 그 시간 동안 빛이 이동한 거리)의 제곱을 구한다. 이 두 값 중 작은 값을 큰 값에서 빼면, 그 결과가 두 사건 사이의 간격의 제곱으로 정의된다.

간격은 모든 관찰자에게 동일하며, 시간과 거리가 나타내지 못하는 두 사건 간의 진정한 물리적 관계를 나타낸다. 우리는 이미 4장의 끝부분에서 간격에 대한 기하학적 구성을 설명했으며, 이는 위의 규칙과 동일한 결과를 제공한다. 두 사건 사이의 시간이 빛이 한 사건의 위치에서 다른 사건의 위치로 이동하는 데 걸리는 시간보다 길면 간격은 '시간적'(time-like)인 것이다. 반대의 경우에는 간격이 '공간적'(space-like)인 것이다.

두 사건 사이의 시간이 빛이 한 사선에서 다른 사건까지 이동하는 데 걸리는 시간과 정확히 같을 때, 간격은 0이 된다. 이때 두 사건은 하나의 광선 상에 위치하게 되며, 단지 그 경로에 빛이 지나가지 않는 경우를 제외한다.

일반 상대성이론에 다가서면 간격의 개념을 일반화해야 한다. 세계의 구조를 더 깊이 파고들수록 이 개념은 더욱 중요해지며, 우리는 간격이 거리와 시간의 혼동된 표현이라고 말하고 싶어진다. 상대성이론은 세계의 근본적인 구조에 대한 우리의 시각을 변화시켰다. 이것이 이 이론의 어려움과 중요성의 원천이다.

제7장

시공간의 간격
INTERVALS IN SPACE-TIME

    지금까지 우리가 살펴본 특수 상대성이론은 특정한 문제를 완전히 해결했다. 즉, 두 물체가 균일한 상대운동을 할 때, 일반 역학과 전기 및 자기와 관련된 물리 법칙들이 모두 두 물체에 대해 정확히 동일하다는 실험적 사실을 설명한 것이다.

    여기서 '균일한' 운동이란 일정한 속도로 직선 운동하는 것을 의미한다. 하지만 특수 이론에 의해 한 가지 문제가 해결되었지만, 즉시 또 다른 문제가 제기되었다. 두 물체의 운동이 균일하지 않다면 어떻게 될까?

    예를 들어, 하나는 지구이고 다른 하나는 떨어지는 돌이라고 가정해 보자. 돌은 가속운동을 하고 있으며 점점 더 빠르게 떨어지고 있다. 특수 이론에는 돌 위의 관찰자와 지구 위의 관찰자에게 물리적 현상의 법칙이 동일하다고 말할 수 있는 근거가 없다.

이 문제는 특히 곤란하다. 넓은 의미에서 보면 지구 자체가 떨어지는 물체이기 때문이다. 지구는 매 순간 태양을 향해 가속도를 가지고 있으며, 그로 인해 직선으로 움직이는 대신 태양 주위를 공전하게 된다. 우리의 물리학 지식은 지구에서 행해진 실험에 기반하고 있기 때문에, 관찰자가 가속도를 갖지 않는다는 가정을 전제로 한 이론으로는 만족할 수 없다. 일반 상대성이론은 이 제한을 제거하여, 관찰자가 직선이든 곡선이든, 균일하든 가속을 하든 상관없이 움직일 수 있도록 한다.

이 제한을 제거하는 과정에서 아인슈타인은 새로운 중력법칙을 이끌어내게 되었으며, 이제 그것을 살펴볼 것이다. 이 작업은 매우 어려운 일이었고, 아인슈타인에게는 10년이 걸렸다. 특수 이론은 1905년에 제시되었고, 일반 이론은 1915년에 완성되었다.

우리 모두가 경험을 통해 잘 알고 있듯이, 가속된 운동은 균일한 운동보다 훨씬 다루기 어렵다. 기차가 일정하게 달릴 때, 창밖을 보지 않는 한 움직임을 느끼기 어렵다. 하지만 갑자기 정차하게 되면 앞으로 쏠리게 되며, 기차 외부를 보지 않아도 뭔가가 일어나고 있다는 것을 인식하게 된다. 비슷하게, 엘리베이터가 일정하게 움직일 때는 아무런 이상이 없지만, 엘리베이터가 출발하거나 멈출 때, 즉 가속이 있을 때, 명치에서 이상한 감각을 느낀다. (운동이 빨라질 때뿐만 아니라 느려질 때도 '가속된' 운동이라고 부른다. 느려질 때의 가속은 '음의 가속도'이다.) 같은 원리는 배의 선실에서 물체를 떨어뜨리는 경우에도 적용된다. 배가 균일하게 이동할 때, 물체는 마치 배가 정지해 있는 것처럼 운동할 것이다. 즉, 물체가 천장 가운데에서 시작하면 바닥 가운데에 떨어질 것이다. 하지만 가속이 있다면 모든 것이 달라진다.

배가 매우 빠르게 속도를 높이고 있다면, 선실 안의 관찰자에게 물체는 선미 쪽으로 향하는 곡선을 그리며 떨어지는 것처럼 보일 것이다. 반대로 속도가 빠르게 줄어들고 있다면, 곡선은 선수 쪽으로 향하게 될 것이다. 이러한 사실들은 모두 익숙한 것들로, 갈릴레오와 뉴턴은 가속된 운동을 본질적으로 균일한 운동과 다른 것으로 보았다.

그러나 이러한 구분은 운동을 절대적인 것으로 간주할 때만 유지될 수 있었다. 만약 모든 운동이 상대적이라면, 엘리베이터가 지구에 대해 가속되는 것만큼 지구도 엘리베이터에 대해 가속된다. 그럼에도 불구하고 지상에 있는 사람들은 엘리베이터가 올라가기 시작할 때 명치에서 아무런 감각도 느끼지 않는다.

이것은 우리가 직면한 문제의 어려움을 보여준다. 실제로, 현대 물리학자들 중 절대운동을 믿는 사람은 거의 없지만, 수리물리학의 기법은 여전히 뉴턴의 절대운동에 대한 신념을 반영하고 있었으며, 이 가정을 배제한 새로운 방법론을 얻기 위해서는 혁신이 필요했다. 이 혁신은 아인슈타인의 일반 상대성이론에서 이루어졌다.

아인슈타인이 도입한 새로운 아이디어들을 설명하면서 어디서부터 시작할지는 다소 선택적일 수는 있지만, 아마도 '간격'이라는 개념을 다루는 것이 가장 좋을 것이다. 이 개념은 특수 상대성이론에서 이미 전통적인 공간과 시간의 거리 개념을 일반화한 것이지만, 이것을 더 확장할 필요가 있다. 그러나 먼저 어느 정도의 역사를 설명해야 하며, 이를 위해 우리는 피타고라스 시대로 돌아가야 한다.

역사상 가장 위대한 인물들 중 많은 이들이 그렇듯이, 피타고라스는 어쩌면 존재하지 않았을 인물일지도 모른다. 그는 반신화적 인물로, 수학과 사제술(司祭術)을 애매하게 결합했던 인물이다. 하지만 나는 그가 실제로 존재했었고, 그에게 귀속된 정리를 발견했다고 가정할 것이다.

그는 대략 공자와 석가모니의 동시대 인물로, 콩을 먹는 것을 죄악시하는 종파(宗派)와 직각삼각형에 특별한 관심을 가진 수학 학파를 창립했다. 피타고라스의 정리(유클리드의 제47번째 명제)는 직각삼각형에서 두 짧은 변의 제곱의 합이 직각을 마주하는 변의 제곱과 같다는 내용을 담고 있다. 수학 전체에서 이 명제만큼 눈에 띄는 역사를 지닌 명제는 없다. 우리는 모두 어릴 적에 이를 '증명'하는 방법을 배웠다. 그러나 그 '증명'은 사실 아무것도 증명하지 않았으며, 이를 증명하는 유일한 방법은 실험을 통해서라는 것뿐이다. 또한 이 명제는 완전히 정확하지 않으며, 단지 대략적으로만 맞을 뿐이다. 하지만 기하학과 이후 물리학의 모든 것은 이 명제를 바탕으로 지속적으로 일반화하는 것을 통해 도출되었다. 가장 최근의 일반화가 바로 일반 상대성 이론이다.

피타고라스의 정리는 그 자체로 이집트에서 사용되던 경험적인 규칙을 일반화한 것일 가능성이 크다. 이집트에서는 오랫동안 변의 길이가 3, 4, 5인 삼각형이 직각삼각형이라는 사실이 알려져 있었고, 이들은 이 지식을 토지 측량에 실질적으로 사용했다. 변의 길이가 각각 3, 4, 5인 삼각형을 예로 들어보면, 이 변들의 제곱은 각각 9, 16, 25가 된다. 그리고 9와 16을 더하면 25가 된다. 3×3은 '3^2'으로 쓰고, 4×4는 '4^2', 5×5는 '5^2'으로 쓴다. 그래서 우리는 $3^2 + 4^2 = 5^2$라는 식을 얻을 수 있다.

피타고라스가 이 사실에 주목했던 것은, 이집트인들로부터 3, 4, 5의 길이를 가진 삼각형이 직각 삼각형임을 배운 후의 일이었다. 그는 이것이 일반화될 수 있음을 발견했고, 그래서 그의 유명한 정리에 도달했다. 즉, 직각삼각형에서 직각의 반대편 변의 제곱은 나머지 두 변의 제곱의 합과 같다는 것이다.

3차원에서도 마찬가지다. 직각을 이루는 입방체를 예로 들면, 입체 대각선(그림의 점선)의 제곱은 세 변의 제곱의 합과 같다. 고대인들이 이 문제에서 얻은 것은 여기까지이다.

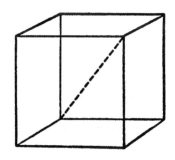

다음으로 중요한 단계는 데카르트에 의해 이루어졌으며, 그는 피타고라스 정리를 해석기하학 방법의 기초로 삼았다. 평면 위의 모든 장소를 체계적으로 지도에 표시하려 한다고 가정해보자. 여기서는 지구가 둥글다는 사실을 무시할 수 있을 정도로 작은 평면을 가정한다. 당신이 평원의 중앙에 살고 있다고 가정해 보자. 장소의 위치를 설명하는 가장 간단한 방법 중 하나는 이렇게 말하는 것이다.

내 집에서 출발해서 먼저 동쪽으로 이러이러한 거리, 그런 다음 북쪽으로 이러이러한 거리를 가라(첫 번째로는 서쪽, 두 번째로는 남쪽일 수도 있다). 이것은 그 장소가 정확히 어디에 있는지 알려준다. 미국의 직사각형 도시들에서는 이것이 자연스러운 방법이다. 즉, 뉴욕에서는 동쪽(또는 서쪽)으로 몇 블록, 그런 다음 북쪽(또는 남쪽)으로 몇 블록 가라고 듣게 될 것이다.

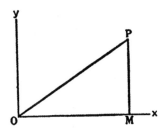

동쪽으로 가야 할 거리를 x라고 하고, 북쪽으로 가야 할 거리를 y라고 하자. (서쪽으로 가야 할 경우 x는 음수가 되고, 남쪽으로 가야 할 경우 y는 음수가 된다.) 출발점을 O('원점')라 하고, 동쪽으로 간 거리를 OM, 북쪽으로 간 거리를 MP라고 하자. P에 도착했을 때 집에서 직선으로 얼마나 떨어져 있는가?

피타고라스 정리에 따르면 그 답을 알 수 있다. OP의 제곱은 OM과 MP의 제곱의 합이다. OM이 4마일, MP가 3마일이면, OP는 5마일이다. OM이 12마일이고 MP가 5마일이면 OP는 13마일이다. 왜냐하면 $12^2 + 5^2 = 13^2$이기 때문이다. 그래서 데카르트의 지도 작성 방법을 채택한다면, 피타고라스 정리는 장소 간의 거리를 계산하는 데 필수적이다.

3차원에서도 이와 정확히 동일한 방식으로 적용된다. 평원 위에서 위치만 고정하는 것이 아니라 그 위에 설치한 계류기구(繫留氣球)의 위치까지 고정하려고 한다면 세 번째 값을 추가해야 한다. 이 값을 z라 하고, O에서 기구까지의 직선거리를 r이라고 한다면, $r^2 = x^2 + y^2 + z^2$의 관계가 성립하며 x, y, z를 알고 있을 때 r을 계산할 수 있다. 예를 들어, 동쪽으로 12마일, 북쪽으로 4마일, 위쪽으로 3마일 올라가서 기구에 도착할 수 있다면, 직선으로 기구와의 거리는 13마일이다. 그 이유는 $12 \times 12 = 144$, $4 \times 4 = 16$, $3 \times 3 = 9$, $144+16+9 = 169 = 13 \times 13$이기 때문이다.

그러나 이제, 평평하다고 간주할 수 있는 지구 표면의 작은 부분을 생각하는 대신, 세계지도를 만든다고 가정해보자. 평평한 종이에 정확한 세계지도를 그리는 것은 불가능하다. 모든 것을 축척에 맞추어 재현할 수 있는 지구본은 정확할 수 있지만, 평평한 지도는 그럴 수 없다. 나는 실질적인 어려움에 대해 말하는 것이 아니라, 이론적으로 불가능하다는 것을 말하는 것이다. 예를 들어, 그리니치 자오선의 북쪽 절반과 서경 90° 자오선의 북쪽 절반, 그리고 그 사이의 적도 부분은 세 변이 모두 같고 각도도 모두 직각인 삼각형을 형성한다. 평면에서는 그런 종류의 삼각형이 있을 수 없다.

한편, 평평한 표면에서는 사각형을 만드는 것이 가능하지만, 구에서는 불가능하다. 지구에서 시도한다고 가정해보자. 서쪽으로 100마일, 그 다음 북쪽으로 100마일, 그 다음 동쪽으로 100마일, 그 다음 남쪽으로 100마일 걷는다고 해보자. 이렇게 하면 사각형이 만들어질 것이라고 생각할 수 있지만, 그렇지 않다. 왜냐하면 결국 출발점으로 돌아오지 못하기 때문이다. 시간이 있다면 실험을 통해 이를 확인할 수 있지만, 그렇지 않다면 반드시 그렇게 된다는 것을 쉽게 알 수 있다. 극지에 가까울수록 100마일은 적도에 가까울 때보다 더 많은 경도를 지나게 된다. 그래서 북반구에 있을 때 동쪽으로 100마일을 걸으면 처음 출발한 지점보다 더 동쪽으로 가게 된다. 그 후 남쪽으로 똑바로 걸을 때도 여전히 처음 출발한 지점보다 더 동쪽에 머무르게 되며, 결국 출발한 곳과 다른 장소에 도착하게 된다.

또 다른 예를 들어보자면, 그리니치 자오선에서 동쪽으로 4,000마일 떨어진 적도에서 시작한다고 가정해보자. 자오선까지 이동한 후 그리니치를 지나 셰틀랜드 제도 근처까지 북쪽으로 4,000마일 이동한다. 그런 다음 동쪽으로 4,000마일을 더 이동하고, 다시 남쪽으로 4,000마일을 이동하면 출발점보다 4,000마일 더 동쪽에 있는 적도 지점에 도착하게 될 것이다.

어떤 의미에서는, 우리가 방금 한 말이 완전히 공정하지 않을 수도 있다. 왜냐하면 적도를 제외하고, 정확히 동쪽으로 여행하는 것이 동쪽에 있는 다른 장소로 가는 가장 짧은 경로가 아니기 때문이다.

예를 들어, 뉴욕에서 리스본으로 가는 배는 거의 정확히 동쪽으로 가지만, 처음에는 북쪽으로 일정 거리를 이동할 것이다. 배는 '대원(大圓)'을 따라 항해하게 되는데, 대원이란 지구의 중심을 지나는 커다란 원을 의미한다. 이것이 지구 표면에서 그릴 수 있는 직선에 가장 가까운 경로이다.

경도의 자오선은 대원이며, 적도도 대원이지만, 다른 평행 위도선들은 대원이 아니다. 따라서 셰틀랜드 제도에 도착했을 때, 정확히 동쪽으로 가지 않고 셰틀랜드 제도에서 동쪽에 위치한 지점까지 대원을 따라 4,000마일을 이동했다고 가정해야 한다. 그러나 이 점은 오히려 우리의 결론을 강화시킨다. 당신은 처음 출발했던 지점보다 더 동쪽에 있는 지점에 도착하게 될 것이다.

구면에서의 기하학과 평면에서의 기하학의 차이점은 무엇일까? 지구에서 대원을 따라 삼각형을 만들면, 그 삼각형의 각도 합이 직각의 두 배(180°)가 되지 않는다는 것을 발견하게 될 것이다. 각도의 합은 오히려 더 클 것이다. 두 직각을 초과하는 정도는 삼각형의 크기에 비례한다.

당신이 잔디밭에서 끈으로 만들 수 있는 작은 삼각형이나, 서로를 간신히 볼 수 있는 세 척의 배가 이루는 삼각형에서는 각도가 직각의 두 배보다 약간만 더 커지기 때문에 그 차이를 감지할 수 없을 것이다. 하지만 적도, 그리니치 자오선, 그리고 90° 자오선이 이루는 삼각형을 보면, 그 각도의 합은 직각의 세 배(270°)가 된다. 또한 각도의 합이 최대 직각의 여섯 배(540°)까지 되는 삼각형도 만들 수 있다. 이 모든 사실은 지구 표면에서 측정만으로도 알아낼 수 있으며, 우주의 다른 부분을 고려할 필요는 없다.

피타고라스의 정리는 구면 위에서의 거리에도 적용되지 않는다. 지구에 묶여 있는 여행자의 관점에서 두 장소 사이의 거리는 그들의 대원 거리, 즉 지구 표면을 벗어나지 않고 갈 수 있는 가장 짧은 여정이다. 이제 대원의 세 부분으로 삼각형을 만들고, 그중 하나가 다른 하나와 직각을 이룬다고 가정하자. 구체적으로 말해, 하나는 적도이고, 하나는 그리니치 자오선의 일부로 적도에서 북쪽으로 가는 구간이다. 적도를 따라 3,000마일을 이동하고, 그다음에 북쪽으로 4,000마일을 이동한다고 가정해보자. 대원을 따라 출발점에서 얼마나 떨어져 있을까? 평면에서는 이전에 봤듯이 5,000마일의 거리가 될 것이다. 그러나 실제로는 대원의 거리는 이보다 훨씬 짧다. 구면 위의 직각삼각형에서는 직각에 마주하는 변의 제곱이 다른 두 변의 제곱의 합보다 작다.

평면 위의 기하학과 구면 위의 기하학 사이의 차이는 본질적인 차이이다. 즉, 당신이 살고 있는 표면이 평면과 같은지 아니면 구면과 같은지를 알아내기 위해 표면 외부의 어떤 것도 고려할 필요가 없다는 것을 의미한다. 이러한 고려는 우리가 다루는 주제에서 중요한 다음 단계로 이어졌으며, 이는 100년 전 활동했던 가우스Gauss에 의해 이루어졌다.

그는 표면이론을 연구했고, 표면 자체에서의 측정을 통해 이를 발전시키는 방법을 보여주었다. 공간에서 한 점의 위치를 고정하려면 세 가지 측정이 필요하지만, 표면 위의 한 점의 위치를 고정하려면 두 가지만 필요하다. 예를 들어, 지구 표면의 한 점은 우리가 그 점의 위도와 경도를 알 때 고정된다.

가우스는 어떤 측정 시스템을 채택하든, 그리고 표면의 성질이 어떻든 간에, 그 표면 위에서 매우 멀지 않은 두 점 사이의 거리를 항상 계산할 수 있는 방법이 있다는 것을 발견했다. 거리를 구하는 공식은 피타고라스의 공식을 일반화한 것이다. 이 공식은 두 점의 위치를 고정하는 측정값들 사이의 차이의 제곱과 이 두 값의 곱을 이용하여 거리의 제곱을 알려준다. 이 공식을 알면, 표면의 내재적인 성질, 즉 표면 밖의 점들과의 관계에 의존하지 않는 모든 성질을 발견할 수 있다. 예를 들어, 삼각형의 각의 합이 직각의 두 배와 같은지, 더 큰지, 더 작은지, 또는 경우에 따라 다르게 나타나는지를 알 수 있다.

　그러나 우리가 '삼각형'을 말할 때, 그 의미를 설명해야 한다. 대부분의 표면에서는 직선이 존재하지 않기 때문이다. 구면에서는 직선을 대신해 대원을 사용하게 되는데, 대원은 직선에 가장 가까운 경로이다. 일반적으로 직선 대신 표면에서 한 장소에서 다른 장소로 가는 가장 짧은 경로를 나타내는 선을 사용한다. 이러한 선을 '측지선(測地線, geodesics)'이라고 부른다.

　지구에서는 대원이 측지선이다. 일반적으로 측지선은 표면을 벗어나지 않고 한 점에서 다른 점으로 이동할 수 있는 가장 짧은 경로이다. 측지선은 표면의 고유한 기하학에서 직선의 역할을 한다. 삼각형의 각의 합이 직각의 두 배와 같은지의 여부를 묻는다면, 우리는 변이 측지선인 삼각형을 의미하는 것이다. 또한 두 점 사이의 거리를 말할 때, 우리는 측지선을 따라가는 거리를 의미한다.

일반화 과정에서 다음 단계는 다소 어렵다. 그것은 비유클리드 기하학으로의 전환이다. 우리는 3차원 공간에서 살고 있으며, 공간에 대한 경험적 지식은 짧은 거리와 각도의 측정에 기초하고 있다. (짧은 거리라고 할 때, 천문학적 거리와 비교했을 때의 짧은 거리를 의미한다. 지구상의 모든 거리는 이 관점에서 보면 짧은 거리이다.)

이전에는 삼각형 내각의 합이 직각의 두 배와 같다는 것과 같은 사실을 바탕으로 공간이 유클리드적이라는 것을 선험적으로 확신할 수 있다고 생각했다. 그러나 이러한 사실을 추론으로는 증명할 수 없다는 것을 알게 되었으며, 만약 이러한 사실을 알 수 있다면, 그것은 측정의 결과로만 알 수 있다는 것이다.

아인슈타인 이전에는 측정이 가능한 한도 내에서 유클리드 기하학이 사실이라고 확인된다고 생각했지만, 이제는 더 이상 그렇게 생각하지 않는다. 여전히 자연스러운 방법으로, 지구와 같은 작은 영역 내에서는 유클리드 기하학이 사실인 것처럼 보이게 할 수 있다. 그러나 아인슈타인은 중력을 설명하면서 물질이 있는 큰 영역에서는 공간을 유클리드적으로 간주할 수 없다는 견해를 갖게 되었다. 그 이유는 뒤에서 다룰 것이다. 지금 우리에게 중요한 것은 가우스의 연구를 일반화함으로써 비유클리드 기하학이 어떻게 도출되는가이다.

예를 들어 구의 표면에서처럼 3차원 공간에서도 같은 상황이 존재하지 말라는 이유는 없다. 삼각형의 각도의 합이 항상 직각의 두 배보다 더 크고, 그 초과량이 삼각형의 크기에 비례할 수 있다. 두 점 사이의 거리가 구의 표면에서 얻는 것과 유사한 공식을 따르지만, 두 개의 변수가 아닌 세 개의 변수를 포함할 수 있다. 이러한 현상이 실제로 일어나는지는 오직 실제 측정을 통해서만 알 수 있다. 이러한 가능성은 무한하다.

이런 논리적 흐름은 리만*에 의해 발전되었으며, 그는 논문 〈기하학의 기초에 있는 가설에 대하여〉(1854)에서 가우스의 표면에 대한 연구를 다양한 종류의 3차원 공간에 적용했다. 리만은 한 종류의 공간의 모든 본질적인 특성들이 짧은 거리의 공식에서 도출될 수 있음을 보여주었다. 그는 서로 가까운 두 점 사이의 거리를, 주어진 세 방향으로 이동할 때 그 짧은 거리들로부터 계산할 수 있다고 가정했다.

예를 들어, 한 점에서 다른 점으로 가기 위해 먼저 동쪽으로 일정 거리를 이동하고, 그 다음 북쪽으로 일정 거리를 이동한

---

* B. Riemann 1826~1866: 독일의 수학자. 리만 곡률을 정의했다.

후, 마지막으로 공중으로 일정 거리를 직선으로 올라가야 한다면, 두 점 사이의 거리를 계산할 수 있어야 한다. 그 계산 규칙은 피타고라스 정리를 확장한 것으로, 필요한 거리의 제곱을 구하기 위해 각각의 구성 요소 거리의 제곱을 곱한 값들을 더하는 방식이다. 경우에 따라서는 구성요소 간의 곱에 대한 값도 더할 수 있다. 이 공식의 일정한 특성들로부터, 우리가 다루고 있는 공간의 종류를 알 수 있다. 이러한 특성들은 점들의 위치를 결정하는 데 사용한 특정 방법에 의존하지 않는다.

상대성이론에 필요한 것을 얻기 위해, 이제 한 가지를 더 일반화해야 한다. 우리는 점들 사이의 거리를 사건들 사이의 '간격'으로 대체해야 한다. 이것은 우리를 시공간 개념으로 이끈다. 이미 특수 상대성이론에서, 간격의 제곱은 두 사건 사이의 거리의 제곱을 빛이 그 사이 시간을 이동하는 동안의 거리의 제곱에서 빼는 것으로 구해진다는 것을 보았다.

일반 상대성이론에서는 물질로부터 매우 멀리 떨어진 경우를 제외하고, 이러한 특수한 형태의 간격을 가정하지 않는다. 그 대신, 리만이 거리 계산에 사용했던 것과 같은 일반적인 형태를 가정하여 시작한다. 또한 리만과 마찬가지로, 아인슈타인은 자신의 공식을 이웃한 사건들, 즉 간격이 짧은 사건들에 대해서만 가정한다. 이 초기 가정들을 넘어서는 것은 실제로 물체가 움직이는 것을 관찰한 결과에 따라 달라지며, 이에 대해서는 이후의 장에서 설명할 것이다.

이제 우리가 설명해 온 과정을 요약하고 다시 정리할 수 있다. 3차원에서 한 점의 위치는 고정된 점('원점')에 대해 세 개의 값('좌표')을 할당함으로써 결정될 수 있다.

예를 들어, 집에 대해 기구의 위치를 고정하려면 먼저 동쪽으로 일정 거리, 그다음 북쪽으로 일정 거리, 마지막으로 직선으로 위로 일정 거리를 가면 도착할 수 있다는 사실을 알면 된다.

이 경우처럼 세 좌표가 서로 직각을 이루고, 각각의 거리가 순차적으로 원점에서 해당 지점으로 이동하게 할 때, 해당 지점까지의 직선거리의 제곱은 세 좌표의 제곱을 더한 값으로 구할 수 있다. 모든 경우, 유클리드 공간이든 비유클리드 공간이든, 이는 좌표의 제곱과 곱의 배수를 특정한 규칙에 따라 더함으로써 구해진다.

좌표는 한 점의 위치를 고정하는 값이면 무엇이든 될 수 있으며, 인접한 점들은 그 좌표에 대해 인접한 값을 가져야 한다. 일반 상대성이론에서는 시간에 해당하는 네 번째 좌표를 추가하고, 우리의 공식은 공간적 거리가 아닌 '간격'을 제공한다. 또한 우리는 이 공식을 짧은 거리에서만 정확하다고 가정한다. 더 나아가, 물질로부터 매우 먼 거리에서는 이 공식이 특수 상대성 이론에서 사용되는 간격 공식에 점점 더 가깝게 접근한다고 가정한다.

　이제 우리는 마침내 아인슈타인의 중력이론에 도전할 수 있는 위치에 서게 되었다.

제8장

아인슈타인의 중력법칙
EINSTEIN'S LAW OF GRAVITATION

아인슈타인의 새로운 법칙을 다루기 전에 논리적 근거를 바탕으로 뉴턴의 중력법칙이 완전히 옳을 수는 없다는 것을 우리 스스로 납득하는 것도 중요하다.

뉴턴은 물질의 두 입자 사이에는 질량의 곱에 비례하고, 거리의 제곱에 반비례하는 힘이 작용한다고 했다. 즉, 질량에 관한 문제는 일단 무시하고, 입자들이 1마일 떨어져 있을 때 일정한 인력이 있다고 한다면, 2마일 떨어지면 그 인력은 4분의 1로, 3마일 떨어지면 9분의 1로 줄어든다는 것이다. 인력은 거리가 늘어나는 것보다 훨씬 더 빠르게 감소한다.

당연하게도 뉴턴이 말할 때의 '거리'는 특정 시점에서의 거리를 의미했으며, 시간에 대해선 모호함이 있을 수 없다고 생각했다. 하지만 우리는 이것이 오류였음을 확인했다. 한 관찰자가 지구와 태양에서 동일한 순간이라고 판단하는 것이, 다른 관찰자에게는 두 개의 다른 순간으로 보일 수 있다. 따라서 '특정 시점에서의 거리'는 주관적인 개념이므로, 우주 법칙에 포함되기 어렵다.

물론, 시간을 그리니치 천문대에서 측정한 대로 계산하겠다고 말함으로써 법칙을 명확히 할 수는 있다. 그러나 지구의 우연한 상황이 그렇게 진지하게 고려될 만한 가치가 있다고는 믿기 어렵다. 그리고 거리에 대한 계산 역시 관찰자마다 다를 것이다.

따라서 뉴턴의 중력법칙의 형식이 완전히 옳을 수는 없다는 결론에 도달하게 된다. 왜냐하면 우리가 채택하는 동등하게 정당한 여러 가지 관습에 따라 서로 다른 결과를 제공하기 때문이다. 이것은 마치 한 사람이 다른 사람을 살해했는지 여부가 그들을 이름으로 부르느냐 성으로 부르느냐에 따라 결정되는 것만큼이나 터무니없는 일이다. 물리법칙은 거리가 마일로 측정되든 킬로미터로 측정되든 동일해야 한다는 것은 명백하며, 우리는 본질적으로 동일한 원칙의 연장선상에 있는 것에만 관심을 갖고 있다.

우리의 측정은 특수 상대성이론에서 인정된 것보다 훨씬 더 관습적이다. 게다가 모든 측정은 물리적 재료로 수행되는 물리적 과정이다. 그 결과는 확실히 실험 데이터이지만, 우리가 일반적으로 부여하는 간단한 해석에 맞지 않을 수도 있다. 따라서 우리는 처음부터 무엇을 측정하는 방법을 알고 있다고 가정하지 않는다. 우리는 '간격'이라고 불리는 특정 물리량이 존재하며, 이는 크게 떨어지지 않은 두 사건 사이의 관계라는 것을 가정하지만, 이전 장에서 말한 것처럼 피타고라스 정리의 일반화에 의해 주어진다는 것 이외에, 이를 측정하는 방법을 미리 알고 있다고 가정하지 않는다.

그러나 사건들에는 일정한 순서가 있으며, 그 순서가 4차원적이라고 가정한다. 즉, 어떤 사건이 제3의 사건보다 다른 사건에 더 가까이 있다고 말할 때 그 의미를 이해한다고 가정하며, 정확한 측정을 하기 전에 어떤 사건의 '근처'라는 개념을 말할 수 있다. 그리고 우리는 사건의 위치를 시공간에서 지정하기 위해 네 개의 양(좌표)이 필요하다는 것을 가정한다.

예를 들어, 앞서 말한 비행기에서 폭발이 일어났을 경우, 위도, 경도, 고도, 시간과 같은 양이 필요하다. 하지만 인접한 사건들에는 인접한 좌표가 할당된다는 것 이외에는 이 좌표들이 할당되는 방법에 대해서는 아무것도 가정하지 않는다.

이러한 숫자들, 즉 좌표가 할당되는 방식은 전적으로 임의적이지도 않고, 신중한 측정의 결과도 아니다. 그것은 그 중간 영역에 위치한다. 당신이 어떤 연속적인 여행을 하고 있을 때, 좌표는 갑작스러운 변화 없이 점진적으로 변해야 한다. 예를 들어, 미국에서는 14번가와 15번가 사이의 집들은 번호가 대개 1400과 1500 사이의 숫자이고, 15번가와 16번가 사이의 집들은 비록 1400번대의 숫자가 모두 사용되지 않았어도 1500과 1600 사이의 숫자라는 것을 알 수 있다.

그러나 이러한 방식은 우리의 목적에 맞지 않는다. 한 구역에서 다른 구역으로 넘어갈 때 갑작스러운 변화가 있기 때문이다.

또 다른 예로, 시간 좌표를 다음과 같은 방식으로 할당할 수 있다. 스미스라는 성을 가진 사람들의 연속적인 출생 사이의 시간을 측정하여, 역사상 기록된 3000번째 스미스와 3001번째 스미스의 출생 사이에 발생한 사건은 그 좌표가 3000과 3001 사이에 있게 하고, 좌표의 소수 부분은 3000번째 스미스의 출생 이후 경과한 연도의 일부로 한다는 식이다. (물론 스미스 가문에 두 번의 출생이 1년 이상 차이가 나는 일은 거의 없을 것이다.)

이러한 방식으로 시간 좌표를 할당하는 것은 매우 명확하지만, 우리의 목적에는 적합하지 않다. 스미스가 태어나기 직전의 사건과 태어난 직후의 사건 사이에 갑작스러운 변화가 생기기 때문에, 연속적인 여정에서 시간 좌표가 연속적으로 변하지 않기 때문이다. 우리는 측정과는 무관하게 연속적인 여정이 무엇인지 알고 있다고 가정한다. 그리고 시공간에서 위치가 연속적으로 변할 때, 네 개의 좌표들이 각각 연속적으로 변해야 한다. 이 중 하나, 둘 또는 셋은 변하지 않을 수도 있지만, 변화가 일어나는 경우에는 반드시 갑작스러운 변화 없이 매끄럽게 이루어져야 한다. 이것이 좌표 할당에서 무엇이 허용되지 않는가를 설명해준다.

좌표에서 허용되는 모든 변화를 설명하기 위해, 부드럽고 커다란 고무판을 생각해보자. 고무판이 늘어나지 않은 상태에서 각 변이 1/10인치인 작은 정사각형을 측정하고, 정사각형의 각 모서리에 작은 핀을 꽂는다.

이러한 핀들 중 한 개의 두 좌표로, 주어진 핀에서 오른쪽으

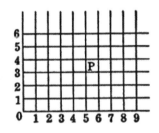

로 이동하여 문제의 핀 바로 아래에 도달할 때까지 통과하는 핀의 수와 그 핀까지 올라가는 동안 통과하는 핀의 수를 취할 수 있다. 그림에서 O가 출발점이고 P가 좌표를 할당할 핀이라고 하자. P는 다섯 번째 열에 있고 세 번째 줄에 있으므로, 고무판 평면에서 P의 좌표는 5와 3이 된다.

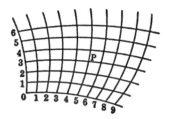

이제 고무판을 마음껏 늘리고 비틀어보자. 핀들이 이제 두 번째 그림과 같은 모양을 하고 있다고 하자. 이 구획들은 더 이상 우리의 일반적인 개념에 따른 거리를 나타내지 않지만, 좌표로는 여전히 충분히 적합하다. 우리는 여전히 P가 고무판 평면에서 좌표 5와 3을 가지고 있다고 할 수 있으며, 고무판이 일반적으로 평면이라고 부를 수 없는 상태로 비틀려 있더라도 여전히 평면에 있다고 간주할 수 있다. 이러한 연속적인 변형은 문제가 되지 않는다.

다른 예를 들어보자. 좌표를 고정하는데 강철 자를 사용하는 대신, 끊임없이 꿈틀거리는 살아 있는 장어를 사용한다고 하자. 좌표의 관점에서 꼬리에서 머리까지의 거리는 장어가 그 순간 어떤 모양을 하고 있든 1로 간주된다. 장어는 연속적이며, 그 꿈틀거림도 연속적이므로 좌표를 할당하는 데 있어 하나의 거리 단위로 사용할 수 있다. 연속성이라는 요구 사항 외에는 좌표를 할당하는 방식은 전적으로 관습적인 것이므로, 살아 있는 장어도 강철 자만큼이나 적합한 도구가 된다.

우리는 대단히 정밀한 측정을 위해 강철 자를 사용하는 것이 살아 있는 장어를 사용하는 것보다 낫다고 생각하기 쉽다. 그러나 이는 착각이다. 그 이유는 장어가 강철 자가 알려준다고 여겨졌던 것을 알려주기 때문이 아니라, 실제로는 장어가 명백히 알려주는 것 이상을 강철 자가 알려주지 않기 때문이다. 중요한 점은 장어가 실제로 딱딱하다는 것이 아니라, 강철 자도 실제로는 꿈틀거린다는 것이다. 특정한 운동 상태에 있는 관찰자에게는 장어가 딱딱해 보일 수 있고, 강철 자는 우리가 보는 장어처럼 꿈틀거리는 것처럼 보일 것이다. 그리고 이 관찰사와 우리 모두와 다르게 움직이는 다른 사람들에게는, 장어와 강철 자 모두 꿈틀거리는 것처럼 보일 것이다. 그리고 어느 관찰자가 맞고 어느 관찰자가 틀리다고 말할 수는 없다.

이러한 문제에서는 관찰된 것이 물리적 과정에만 속하지 않고, 관찰자의 관점에도 속하기 때문이다. 거리와 시간의 측정은 측정된 물체의 성질을 직접적으로 드러내는 것이 아니라, 그 물체와 측정자 사이의 관계를 드러낸다. 따라서 관찰이 물리적 세계에 대해 알려줄 수 있는 것은 우리가 지금까지 믿어왔던 것보다 더 추상적이다.

그리스 시대부터 학교에서 가르쳤던 기하학은 더 이상 독립된 과학으로서의 역할을 멈추고 물리학에 통합되었다는 사실을 인식하는 것이 중요하다. 기초 기하학에서 두 가지 근본적인 개념은 직선과 원이었다. 당신에게 지금 모든 부분이 동시에 존재하는 직선 도로처럼 보이는 것이, 다른 관찰자에게는 각 부분이 순차적으로 존재하는 곡선인 로켓의 비행처럼 보일 수 있다. 원은 특정 지점에서 일정한 거리만큼 떨어진 모든 점들로 이루어지므로 거리 측정에 따라 달라진다. 그리고 앞에서 보았듯이, 거리 측정은 관찰자가 어떻게 움직이느냐에 따라 달라지는 주관적인 문제이다.

원이 객관적 타당성을 갖지 못한다는 것은 마이컬슨-몰리 실험을 통해 입증되었다. 따라서 어떤 의미에서는 상대성이론 전체의 출발점이라고 할 수 있다. 측정을 위해 필요한 강체는 특정 관찰자에게만 단단한 것이고, 다른 관찰자에게는 모든 치수가 끊임없이 변할 것이다. 기하학이 물리학에서 분리될 수 있다고 생각하는 것은 지구에 얽매인 우리들의 고집스러운 상상일 뿐이다.

이것이 바로 우리가 처음부터 좌표에 물리적 의미를 부여하려 하지 않는 이유이다. 이전에는 물리학에서 사용되는 좌표가 신중하게 측정된 거리라고 생각되었지만, 이제 우리는 이러한 신중함이 처음부터 쓸모없다는 것을 알고 있다. 오히려 나중 단계에서 신중함이 필요하다. 이제 우리의 좌표는 체계적으로 사건들을 분류하는 방식에 불과하다. 하지만 수학은 텐서 기법을 통해 매우 강력한 기술을 제공하므로, 이러한 겉보기에 무심하게 할당된 좌표도 매우 정밀한 측정장치를 사용한 것만큼이나 효과적으로 사용할 수 있다.

처음부터 무작위로 하는 것의 장점은, 좌표가 처음부터 특정한 물리적 의미를 지닌다고 가정할 경우 피할 수 없는 암묵적인 물리적 가정을 피할 수 있다는 점이다.

우리는 두 사건이 서로 가까이 있을 때(반드시 그렇지 않더라도), 그 사이에 어떤 간격이 있으며, 이 간격은 좌표들 간의 차이로부터 앞서 다룬 공식에 따라 계산될 수 있다고 가정한다. 즉, 좌표들의 차이의 제곱과 곱을 취하고, 이를 적절한 값(일반적으로 장소에 따라 다를 수 있다)으로 곱한 후, 그 결과를 더하는 것이다.

이렇게 얻은 합이 간격의 제곱이다. 우리는 미리 이 제곱과 곱에 곱해야 할 값을 알고 있다고 가정하지 않는다. 이는 물리적 현상을 관찰함으로써 발견될 것이다. 그러나 우리는 몇 가지는 알고 있다. 좌표가 특정한 방식으로 선택되었을 때, 고전 뉴턴 물리학이 거의 정확하다는 것을 알고 있다. 또한 특수 상대성이론이 적절한 좌표에서는 더욱 정확하다는 것도 알고 있다. 이러한 사실들로부터 우리는 새로운 좌표에 대해 몇 가지 결론을 도출할 수 있으며, 이러한 결론들은 논리적 추론에서 새로운 이론의 가정으로 나타난다.

우리는 다음과 같은 것들을 가정으로서 채택한다.

1. 모든 물체는 전자기력이 작용하지 않는 한 시공간에서 측지선을 따라 이동한다.
2. 광선은 두 부분 사이의 간격이 0이 되도록 이동한다.
3. 중력이 작용하는 물질에서 멀리 떨어진 곳에서는 수학적 조작을 통해 좌표를 변환하여 간격이 특수 상대성이론에서와 같도록 할 수 있다. 그리고 이것은 중력이 매우 강력하지 않은 곳에서 대략적으로 사실이다.

각각의 가정은 약간의 설명이 필요하다.

우리는 표면 위의 측지선이 한 점에서 다른 점으로 그릴 수 있는 가장 짧은 선이라는 것을 보았다. 예를 들어, 지구에서 측지선은 대원이다. 그러나 시공간에 대해서는 수학은 동일하지만 언어적인 설명은 다소 달라져야 한다. 일반 상대성이론에서는 이웃한 사건들만이 특정한 경로와 무관하게 확정된 간격을 가지며, 먼 사건들 사이의 간격은 선택한 경로에 따라 달라진다. 이러한 간격은 경로를 여러 작은 구간으로 나누고 각 구간에 대해 간격을 더해서 계산해야 한다. 간격이 공간적일 경우, 물체는 한 사건에서 다른 사건으로 이동할 수 없으므로, 물체의 운동을 고려할 때는 시간적 간격에만 제한된다.

이웃한 사건들 사이의 간격이 시간적일 경우, 그 간격은 한 사건에서 다른 사건으로 이동하는 관찰자에게는 그 사건들 사이의 시간으로 나타난다. 따라서 두 사건 사이의 전체 간격은 한 사건에서 다른 사건으로 이동하는 사람이 자신의 시계로 측정한 시간이 된다. 어떤 경로에서는 이 시간이 더 길게 나타날 것이고, 다른 경로에서는 더 짧게 나타날 것이다. 여행자가 너 천천히 이동할수록 그는 자신이 더 오래 여행했다고 생각할 것이다. 이것을 단순한 상식적인 진술로 받아들여서는 안 된다.

런던에서 에든버러로 이동할 때, 천천히 가면 시간이 더 오래 걸린다는 일반적인 상식적인 이야기가 아니다. 내가 말하는 것은, 만약 당신이 런던을 오전 10시에 떠나서 그리니치 표준시로 오후 6시 30분에 에든버러에 도착한다면, 더 천천히 이동할수록 당신의 시계로 측정한 시간이 더 길어질 것이라는 훨씬 더 이상한 이야기이다.

이것은 매우 다른 진술이다. 지상에 있는 사람의 관점에서 당신의 여정은 8시간 반이 걸린다. 그러나 만약 당신이 빛이 되어 태양계를 돌아다닌다면, 예를 들어 오전 10시에 런던에서 출발하여 목성을 거쳐 토성으로 반사된 후 마지막에 에든버러로 돌아와 오후 6시 30분에 도착한다면, 당신은 이 여정이 정확히 시간이 전혀 걸리지 않았다고 판단할 것이다. 그리고 만약 빠르게 이동하면서 정시에 도착할 수 있는 우회경로를 택했다면, 경로가 길어질수록 당신은 자신이 소비한 시간이 더 적다고 생각할 것이다. 시간이 줄어드는 것은 속도가 빛의 속도에 가까워질수록 계속될 것이다.

내가 말하고자 하는 바는, 물체가 이동할 때 그것이 자연 상태에 놓여 있다면, 여정의 두 지점 사이의 시간을 최대한 길게 만드는 경로를 선택한다는 것이다. 만약 다른 경로로 이동했다면, 물체의 시계로 측정한 시간은 더 짧아졌을 것이다. 이는 물체가 자연 상태에 놓이면 가능한 한 천천히 이동한다는 것을 의미하며, 일종의 '우주의 게으름 법칙'이라고 할 수 있다.

이 법칙의 수학적 표현은 물체가 측지선을 따라 이동한다는 것이다. 측지선에서 여정의 두 사건 사이의 전체 간격은 다른 어떤 경로보다 크다. (우리가 고려하고 있는 간격이 거리보다는 시간에 더 유사하다는 점에서 간격이 더 크다는 것이다.)

예를 들어, 어떤 사람이 지구를 떠나 한동안 여행한 후 돌아올 수 있다면, 그 사람의 시계로 측정한 출발과 귀환 사이의 시간은 지구 위의 시계로 측정한 시간보다 짧을 것이다. 지구는 태양 주위를 도는 여정에서, 자신의 시계로 측정된 시간이 다른 경로를 택한 시계로 측정된 시간보다 더 길게 만드는 경로를 선택한다. 이것이 물체가 자연 상태에서 시공간의 측지선을 따라 움직인다는 의미이다.

우리는 지금 고려하는 물체가 전자기력의 영향을 받지 않는다고 가정한다. 현재 우리가 다루는 것은 중력법칙이지 전자기력의 효과가 아니다. 이러한 효과들은 헤르만 바일(Hermann Weyl)에 의해 일반 상대성이론의 틀 안으로 포함되었지만, 지금은 그의 작업을 무시할 것이다. 이쨌든, 행성들은 전체적으로 눈에 띄는 전자기력의 영향을 받지 않는다. 그것들의 운동을 설명하는 데 있어 고려해야 할 것은 오직 중력이며, 우리는 이번 장에서 이 문제를 다룬다.

두 번째 가정은, 빛이 이동하는 동안 그 두 부분 사이의 간격이 0이 된다는 것이다. 이 가정의 장점은 작은 거리들에 대해서만 적용될 필요가 없다는 점이다. 각각의 작은 간격이 0이면, 그들의 합도 0이 되므로, 같은 광선의 먼 부분들 사이의 간격도 0이 된다. 빛의 경로 역시 정의에 따르면 측지선이다. 따라서 우리는 시공간에서 측지선이 무엇인지를 발견하는 두 가지 경험적 방법을 가지고 있는데, 그것은 바로 빛과 자유롭게 움직이는 물체들이다. 자유롭게 움직이는 물체에는 제약이나 전자기력의 영향을 받지 않는 모든 물체가 포함된다. 즉, 태양, 별, 행성, 위성, 그리고 지구에서의 낙하 물체들이 그 예이다. 특히 진공 상태에서 낙하하는 물체는 그렇다. 당신이 지구 위에 서 있을 때, 당신은 전자기력의 영향을 받는다. 당신 발 주변의 전자와 양성자는 지구의 중력을 상쇄할 만큼 발에 대해 반발력을 가한다. 이것이 바로 지구를 관통해 떨어지지 않게 막는 힘이다. 지구는 단단해 보이지만 대부분은 빈 공간이다.

세 번째 가정은 일반 상대성이론을 특수 상대성이론과 연결하며, 매우 유용하다. 특수 상대성이론을 한정된 영역에 적용할 때, 그 영역에 중력이 전혀 없어야 할 필요는 없다. 그저 중력의 강도가 그 영역 내에서 거의 일정하기만 하면 된다. 이를 통해 우리는 어떤 작은 영역 내에서는 특수 상대성이론을 적용할 수 있다. 그 영역의 크기가 얼마나 작아야 하는지는 주변 환경에 따라 다르다. 예를 들어, 지구 표면에서는 지구의 곡률이 무시될 만큼 충분히 작은 영역이어야 한다. 행성들 사이의 공간에서는 태양과 행성들의 인력이 그 영역 전체에서 거의 일정할 만큼만 작은 영역이면 된다. 별들 사이의 공간에서는 반대의 경우로, 별 하나에서 다른 별까지의 거리의 절반 정도 크기라도 측정 가능한 부정확성을 도입하지 않을 수 있다.

중력을 가진 물질로부터 먼 거리에서는 좌표를 적절히 선택하여 유클리드 공간을 얻을 수 있다. 이는 사실 특수 상대성이론이 적용된다는 또 다른 표현일 뿐이다. 물질 근처에서는, 비록 작은 영역에서는 공간을 유클리드적으로 만들 수 있지만, 중력이 눈에 띄게 변하는 영역 전체에서는 그렇게 할 수 없다. 적어도 그렇게 하려면 물체가 측지선을 따라 움직인다는 관점을 포기해야 한다.

물질의 근처에서는, 시공간에 언덕이 있는 것처럼 보인다. 이 언덕은 꼭대기에 가까워질수록 점점 더 가파르게 된다. 이는 샴페인 병의 목처럼 생겼으며, 끝은 가파른 절벽으로 이어진다. 이제, 앞서 언급한 우주의 게으름 법칙에 따르면, 물체가 이 언덕 근처에 오면, 그 꼭대기를 곧장 넘으려 하지 않고 주위를 돌아서 가려고 할 것이다. 이것이 아인슈타인의 중력에 대한 관점의 핵심이다. 물체가 어떻게 움직이는지는 그 물체 근처의 시공간의 특성 때문이지, 먼 물체로부터 방출되는 어떤 신비한 힘 때문이 아니다.

이 점을 분명히 하기 위해 비유를 들어보자. 어두운 밤에 여러 사람이 등불을 들고 거대한 평원을 여러 방향으로 걷고 있다고 가정해 보자. 평원의 한 부분에 꼭대기에 불타는 횃불이 있는 언덕이 있다고 가정하자. 이 언덕은 앞서 설명한 것처럼 위로 갈수록 점점 가파르게 되고 끝은 절벽으로 이어진다. 나는 이 평원 곳곳에 마을들이 흩어져 있고, 등불을 든 사람들이 이 마을들 사이를 오가고 있다고 가정하겠다. 마을 간에는 가장 쉬운 길을 보여주는 경로들이 만들어져 있는데, 이 경로들은 언덕을 너무 많이 올라가지 않기 위해 다소 굽어 있을 것이다. 경로가 언덕 꼭대기 근처를 지나갈 때는 더 급격히 휘어지고, 언덕에서 멀리 떨어져 있을 때는 덜 휘어질 것이다.

이제 당신이 기구를 타고 높은 곳에서 이 모든 것을 관찰하고 있다고 가정하자. 땅은 보이지 않고, 등불과 횃불만 보인다고 하자. 당신은 언덕이 있다는 것도, 그 꼭대기에 횃불이 있다는 것도 알지 못한다. 당신은 사람들이 횃불에 가까워질 때 직선 경로에서 벗어나는 것을 보고, 가까워질수록 더 많이 옆으로 돌아가는 것을 목격할 것이다. 당신은 자연스럽게 이것을 횃불의 영향 때문이라고 생각할 수 있다. 예를 들어 횃불은 매우 뜨거워서 사람들이 화상을 입는 것을 두려워한다고 생각할 수 있다. 그러나 당신이 새벽이 올 까지 기다리면 언덕을 볼 수 있고, 횃불은 단지 언덕 꼭대기를 표시할 뿐이고 등불을 든 사람들에게 아무런 영향을 미치지 않는다는 것을 알게 될 것이다.

이 비유에서 횃불은 태양에 해당하고, 등불을 든 사람들은 행성과 혜성에 해당하며, 그들의 경로는 궤도를 나타낸다. 새벽이 오는 것은 아인슈타인의 등장을 의미한다.

아인슈타인은 태양이 언덕 꼭대기에 있다고 말하지만, 그 언덕은 공간이 아니라 시공간에 있다. (독자에게 이 장면을 그려 보지 말기를 부탁한다. 불가능하기 때문이다.) 각각의 물체는 매 순간 가장 쉬운 경로를 선택하지만, 그 언덕 때문에 그 경로는 직선이 아니다. 물질의 작은 조각들은 마치 닭이 자기의 분뇨 더미 위에 있는 것처럼 자신만의 작은 언덕 꼭대기에 있는 것처럼 행동한다.

우리가 물질의 큰 조각이라고 부르는 것은 큰 언덕의 꼭대기에 있는 물질이다. 우리가 아는 것은 언덕에 관한 것이며, 언덕 꼭대기의 물질은 편의를 위해 가정된 것이다. 아마 실제로는 물질을 가정할 필요가 없을지도 모른다. 언덕만으로 충분할 수도 있는데, 이는 다른 언덕의 꼭대기에 도달할 수 없기 때문이다.

마치 싸움을 좋아하는 수탉이 거울 속에서 보이는 성가신 새와 싸울 수 없는 것처럼 말이다.

나는 아인슈타인의 중력법칙을 정성적으로만 설명했다. 이를 정량적으로 정확하게 설명하려면 내가 염두에 두고 있는 것보다 더 많은 수학 없이는 불가능하다. 이 중력법칙에서 가장 흥미로운 점은 더 이상 원거리에서 작용하는 힘의 결과로 보지 않는다는 것이다.

태양은 행성들에 아무런 힘을 가하지 않는다. 기하학이 물리학이 된 것처럼, 어느 정도는 물리학도 기하학이 되었다고 할 수 있다. 중력법칙은 이제 모든 물체가 장소에서 장소로 이동할 때 가장 쉬운 경로를 따른다는 기하학적 법칙이 되었지만, 그 경로는 이동 중 만나는 언덕과 계곡에 의해 영향을 받는다.

제9장

아인슈타인 중력법칙의 증거들
PROOFS OF EINSTEIN'S LAW OF GRAVITATION

뉴턴이 아닌 아인슈타인의 중력법칙을 받아들이는 이유는 부분적으로는 경험적이며, 부분적으로는 논리적이다. 먼저 경험적인 이유부터 살펴보자.

아인슈타인의 중력법칙을 행성들과 그 위성들의 궤도 계산에 적용하면 뉴턴의 법칙과 거의 같은 결과를 제공한다. 그렇지 않다면, 참일 수 없을 것이다. 관찰을 통해 뉴턴의 법칙에서 도출된 결과들이 거의 정확하게 검증되었기 때문이다. 1915년, 아인슈타인이 처음으로 새로운 법칙을 발표했을 때, 자신의 이론이 뉴턴의 이론보다 우수하다는 것을 보여줄 수 있는 유일한 경험적 사실은 '수성의 근일점 운동'이라는 것이었다.

수성은 다른 행성들처럼 태양을 중심으로 하는 타원궤도를 따라 움직이며, 태양은 그 타원의 초점들 중의 한 곳에 위치해 있다. 수성의 궤도에서 어떤 지점에서는 태양에 더 가깝고, 다른 지점에서는 더 멀다. 태양에 가장 가까운 지점을 '근일점(近日點)'이라고 한다. 그런데 관측에 따르면, 태양에 가장 가까워지는 순간에서 다음 근일점에 도달할 때까지, 수성은 정확히 한 바퀴를 도는 것이 아니라 조금 더 돌게 된다. 이 불일치는 매우 작으며, 한 세기에 42초의 각도에 해당한다. 즉, 수성은 매년 마지막 근일점에서 한 바퀴를 돌고 나서 다음 근일점에 도달하기 전에 약 0.5초의 각도보다 약간 더 움직인다.

이 작은 불일치는 뉴턴 역학으로 설명할 수 없었고, 천문학자들을 오랫동안 당혹스럽게 만들었다. 다른 행성들에 의한 섭동(중력의 영향)에 의한 계산된 효과가 있었으나, 이 작은 불일치는 그러한 섭동을 고려한 후에도 남아 있는 잔여량[殘差]이었다. 아인슈타인의 이론은 이 잔여량을 설명했으며, 다른 행성들의 경우 이러한 효과가 존재하지만 너무 작아서 관측되지 않는다는 이유도 설명했다. 처음에는 이것이 아인슈타인의 이론이 뉴턴의 이론보다 우월했던 유일한 경험적 장점이었다.

그의 두 번째 성공은 더욱 충격적이었다. 정통적인 견해에 따르면, 진공에서 빛은 항상 직선으로 이동해야 했다. 물질입자로 구성되지 않은 빛은 중력의 영향을 받지 않아야 한다. 그러나 기존의 개념을 크게 어기지 않으면서도, 태양 근처를 지날 때 빛이 마치 물질입자로 구성된 것처럼 직선 경로에서 벗어나 굴절될 수 있다는 것을 인정하는 것도 가능했다. 하지만 아인슈타인은 자신의 중력법칙으로부터 도출된 결론으로, 빛이 이보다 두 배나 더 굴절될 것이라고 주장했다. 즉, 만약 어느 별의 빛이 태양에 매우 가까이 지나간다면, 아인슈타인은 그 별에서 나온 빛이 1.75각초만큼 꺾일 것이라고 주장했다. 그의 반대자들은 이 양의 절반 정도를 인정하려 했다. 그러나 태양과 거의 일직선상에 있는 별을 관찰할 수 있는 기회는 흔치 않다. 이는 오직 개기일식 중에만 가능하며, 그마저도 항상 가능한 것이 아니라, 밝은 별들이 올바른 위치에 있어야만 한다.

이런 관점에서 에딩턴은 가장 적합한 날이 5월 29일이라고 지목했다. 그날은 태양 근처에 여러 개의 밝은 별들이 있기 때문이었다. 1919년 5월 29일에 개기일식이 일어난 것은 놀라운 행운이었다. 두 곳으로 떠난 영국 탐사대가 일식 동안 태양 근처의 별들을 사진으로 찍었고, 그 결과는 아인슈타인의 예측을 확인시켜 주었다. 충분한 정확성을 확보하기 위한 조치가 취해졌는지 의문을 품었던 일부 천문학자들은 이후에 발생한 일식에서도 자신들이 관측한 결과가 정확히 같은 결과를 보여주자 확신을 하게 되었다. 따라서 중력에 의한 빛의 굴절량에 대한 아인슈타인의 추정치는 이제 보편적으로 받아들여지고 있다.

　세 번째 실험적 검증은 전반적으로 아인슈타인에게 유리하지만, 관련된 양이 매우 적어 겨우 측정할 수 있을 정도였으므로 그 결과가 결정적이지는 않다. 그러나 연속적인 연구들은 아인슈타인이 예측한 작은 효과가 실제로 발생할 가능성을 점점 더 높이고 있다.

　문제의 효과를 설명하기 전에 몇 가지 사전 설명이 필요하다. 프리즘에 의해 분리된 원소의 스펙트럼은 다양한 색조의 빛줄기로 구성되며, 원소가 빛을 발할 때 방출된다. 이 스펙트럼은 원소가 지구에 있든, 태양에 있든, 또는 별에 있든 거의 동일하다. 각각의 빛줄기는 특정한 색조와 파장이 있으며, 긴 파장들은 스펙트럼의 빨간색 끝에, 짧은 파장들은 보라색 끝에 위치하게 된다.

　광원이 당신을 향해 다가오고 있을 때, 겉보기 파장은 짧아지며, 이는 바다에서 바람을 거슬러 이동할 때 파도가 더 자주 밀려오는 것과 같은 원리이다. 광원이 멀어지고 있을 때는 같은 이유로 파장이 길어진다. 이를 통해 우리는 별들이 우리에게 다가오고 있는지, 아니면 멀어지고 있는지 알 수 있다.

　별이 우리 쪽으로 움직이고 있다면 원소의 스펙트럼에서 모든 선들이 약간 보라색 쪽으로 이동하고, 반대로 멀어지고 있다면 빨간색 쪽으로 이동한다. 일상적으로 소리에서도 이와 유사한 효과를 느낄 수 있다.

역에 서 있을 때 급행열차가 기적을 울리며 지나가면, 열차가 다가올 때 열차가 지나간 후보다 기적 소리는 훨씬 더 날카롭게 들린다. 많은 사람들이 기적 소리가 실제로 바뀌었다고 생각할 수도 있지만, 사실 이런 소리의 변화는 열차가 처음에는 다가오다가 나중에 멀어졌기 때문에 발생한 것이다. 열차 안에 있는 사람들에게는 소리가 변하지 않는다.

이것이 아인슈타인이 다루는 효과는 아니다. 태양과 지구 사이의 거리는 크게 변하지 않으며, 현재의 논의를 위해 우리는 그 거리가 일정하다고 간주할 수 있다. 아인슈타인은 자신의 중력법칙으로부터, (중력이 매우 강한) 태양 안의 원자에서 일어나는 주기적 과정이 우리의 시계로 측정했을 때 지구에서 비슷한 원자에서 일어나는 과정보다 약간 더 느리게 진행될 것이라고 추론했다.

태양과 지구에서 발생하는 '간격'은 동일하지만, 서로 다른 지역에서의 동일한 간격은 정확히 동일한 시간에 해딩하지 않는다. 이것은 중력을 구성하는 시공간의 '울퉁불퉁한' 특성 때문이라는 것이다. 따라서 스펙트럼의 특정 선은 태양에서 오는 빛일 경우, 지구에서 오는 빛보다 스펙트럼의 붉은색 쪽 끝에 약간 더 가까워 보일 것이다. 예상되는 효과는 매우 작아서 그 존재 여부에 대해 여전히 약간의 불확실성이 남아 있지만, 이제는 그 효과가 존재할 가능성이 매우 높다고 여겨진다.

아인슈타인의 법칙의 결과와 뉴턴의 법칙의 결과 사이에서 측정 가능한 다른 차이는 아직까지 발견되지 않았다. 하지만 앞서 언급된 실험적 검증들은 천문학자들에게, 천체의 운동에 관해 뉴턴과 아인슈타인의 견해가 다를 때 아인슈타인의 법칙이 정확한 결과를 제공한다는 확신을 주기에 충분하다.

아인슈타인을 지지하는 경험적 근거가 한 가지만 존재한다 해도 그것만으로도 결정적이다. 비록 뉴턴의 법칙에서 발생한 부정확성들이 모두 극도로 미세한 것이긴 하지만, 아인슈타인의 법칙이 정확한 진리를 나타내는지의 여부와 상관없이, 뉴턴의 법칙보다 더 정확한 것은 확실하다.

그러나 아인슈타인이 그의 법칙에 도달하게 된 원래의 고찰들은 이런 세부적인 것들이 아니었다. 수성의 근일점에 관한 결과조차도 이론이 완성된 후에야 이전의 관측 자료를 통해 검증될 수 있었으며, 그런 이론을 고안하기 위한 최초의 근거는 될 수 없었다. 이러한 근거들은 보다 더 추상적인 논리적 성격을 띠고 있었다. 그렇다고 그것들이 관찰된 사실에 근거하지 않았다는 의미는 아니며, 과거 철학자들이 탐닉했던 선험적 환상 같은 것은 더더욱 아니었다. 그것들은 물리적 경험의 몇 가지 일반적인 특성에서 도출되었으며, 그 특성들이 뉴턴이 틀렸으며 아인슈타인의 법칙과 같은 것으로 대체되어야 한다는 것을 보여주었다.

앞에서 본 것처럼 운동의 상대성에 대한 논거들은 매우 설득력이 있다. 일상생활에서 어떤 것이 움직인다고 말할 때, 우리는 그것이 지구에 대해 상대적으로 움직인다는 것을 의미한다. 행성들의 운동을 다룰 때, 우리는 그것들이 태양이나 태양계의 질량 중심에 대해 상대적으로 움직인다고 간주한다. 태양계 자체가 움직인다고 말할 때, 우리는 그것이 별들에 대해 상대적으로 움직인다는 것을 의미한다. '절대적 운동'이라고 부를 수 있는 물리적 현상은 존재하지 않는다. 따라서 물리법칙은 상대 운동과 관련이 있어야 하는데, 상대 운동이 발생하는 유일한 종류의 운동이기 때문이다.

우리는 이제 운동의 상대성을 두 물체가 어떻게 움직이든 관계없이 빛의 속도가 각각에 대해 동일하다는 실험적 사실과 결합하여 생각해 본다. 이것은 거리와 시간의 상대성으로 이어진다. 이는 또한 '주어진 시간에 두 물체 사이의 거리'라는 객관적인 물리적 사실이 존재할 수 없음을 보여준다. 왜냐하면 시간과 거리는 모두 관찰자에 따라 다르기 때문이다. 따라서 '주어진 시간에서의 거리'를 사용하는 뉴턴의 중력법칙은 논리적으로 유지될 수 없다.

이것은 우리가 뉴턴의 이론에 만족할 수 없음을 보여주지만, 그 대신 무엇을 받아들여야 하는지는 보여주지 않는다. 여기에는 여러 가지 고려사항이 있다. 먼저 우리가 고려해야 할 것은 '중력 질량과 관성 질량의 동일성'이라는 것이다. 이것이 의미하는 바는 다음과 같다.

무거운 물체에 일정한 힘을 가하면 가벼운 물체에 가하는 것만큼 가속도가 붙지 않는다는 것이다. '관성 질량'이라고 불리는 것은 주어진 가속을 만들어 내기 위해 필요한 힘의 양에 따라 측정된다. 지구 표면의 특정 지점에서 '질량'은 '무게'에 비례한다. 저울로 측정되는 것은 무게라기보다 질량이며, 무게는 지구가 그 물체를 끌어당기는 힘으로 정의된다.

이 힘은 지구의 자전이 '원심력'을 발생시키는 적도보다 극지방에서 더 크다. 원심력이 중력을 부분적으로 상쇄시키기 때문이다. 또한 지표면에서의 중력은 높은 곳이나 매우 깊은 광산의 바닥보다 더 크다. 이러한 변화가 균형저울에서는 나타나지 않는데, 저울의 추도 측정하려는 물체만큼 영향을 받기 때문이다. 하지만 용수철저울을 사용하면 이 변화를 확인할 수 있다. 질량은 이러한 무게의 변화 과정에서 변하지 않는다.

'중력 질량'은 다르게 정의된다. 두 가지 의미를 가질 수 있는데, 첫 번째는 (1) 중력이 알려진 세기로 작용하는 상황에서 물체가 반응하는 방식, 예를 들어 지구 표면이나 태양 표면에서의 반응을 의미한다. 두 번째는 (2) 물체가 생성하는 중력의 세기, 예를 들어 태양이 지구보다 더 강한 중력을 생성하는 경우를 의미한다.

뉴턴은 두 물체 사이의 중력은 그 질량의 곱에 비례한다고 말한다. 이제 한 물체, 예를 들어 태양에 대한 다양한 물체들의 인력을 고려해 보자. 그러면 서로 다른 물체들은 그들의 질량에 비례하는 힘에 의해 끌리게 되고, 따라서 모든 물체는 동일한 가속을 받는다. 따라서 우리가 '중력 질량'을 (1)의 의미로, 즉 물체가 중력에 반응하는 방식을 의미한다고 할 때, '관성 질량과 중력 질량의 동등성'이라는 복잡한 개념은 결국 이렇게 간단히 정리된다. 즉, 주어진 중력 상황에서 모든 물체는 정확히 동일하게 움직인다는 것이다.

이것은 지구 표면과 관련하여 갈릴레오가 처음으로 발견한 것 중 하나였다. 아리스토텔레스는 무거운 물체가 가벼운 물체보다 더 빨리 떨어진다고 생각했으나, 갈릴레오는 공기의 저항이 제거된다면 그렇지 않다는 것을 보여주었다. 진공 상태에서는 깃털도 납덩이와 똑같은 빠르기로 떨어진다. 행성과 관련하여 이에 상응하는 사실을 확립한 것은 뉴턴이었다. 태양으로부터 일정한 거리에 있는 질량이 매우 작은 혜성도 같은 거리 있는 행성이 받는 것과 동일한 가속을 겪게 된다. 따라서 중력이 물체에 미치는 영향은 오직 물체가 위치한 장소에만 의존하며, 물체의 성질과는 아무런 관계가 없다. 이것은 중력 효과가 아인슈타인이 말하는 지역적 특성이라는 것을 암시한다.

중력 질량을 (2)의 의미, 즉 물체가 생성하는 힘의 세기로 이해할 경우, 이것은 더 이상 관성 질량과 정확하게 비례하지 않는다. 이 문제는 꽤 복잡한 수학을 포함하므로, 여기에서 깊이 다루지는 않겠다.

중력법칙이 어떤 종류의 것이어야만 하는지에 대한 또 다른 단서를 얻었다. 우리가 추측한 바와 같이, 중력법칙은 특정한 영역의 특성이 되어야 한다. 그것은 우리가 다른 종류의 좌표계를 채택하더라도 변하지 않는 어떤 법칙으로 표현되어야 한다. 우리는 좌표계가 물리적 의미를 지닌 것으로 생각해서는 안 된다는 것을 보았다. 좌표계는 단지 시공간의 서로 다른 부분을 명명하는 체계적인 방법일 뿐이다.

임의적이기 때문에, 좌표계는 물리법칙에 들어갈 수 없다. 이것은 하나의 좌표계로 법칙을 올바르게 표현했을 경우, 다른 좌표계로도 동일한 공식을 통해 그 법칙을 표현할 수 있어야 한다는 의미이다. 더 정확하게 말하면, 좌표계를 어떻게 바꾸더라도 변하지 않는 법칙을 표현할 수 있는 공식을 찾아야 한다는 것이다. 이러한 공식은 텐서 이론이 다루는 문제이다. 그리고 텐서 이론은 중력법칙일 가능성이 있는 공식 하나를 제시한다. 이 가능성을 검토한 결과, 올바른 결과를 도출해냈고, 여기에서 실험적 검증이 이루어졌다. 하지만 아인슈타인의 법칙이 경험과 일치하지 않았다 해도, 우리는 뉴턴의 법칙으로 돌아갈 수는 없었을 것이다.

우리는 논리적으로 '텐서'라는 용어로 표현된 어떤 법칙을 찾아야만 했을 것이다. 따라서 이는 우리가 선택한 좌표계와는 무관한 것이다. 수학 없이는 텐서 이론을 설명하는 것이 불가능하다. 수학을 모르는 사람은 텐서가 우리가 측정과 법칙에서 관습적 요소를 제거하는 기술적 방법이며, 이를 통해 관찰자의 관점과 무관한 물리 법칙에 도달하는 방법이라는 것을 아는 것으로 만족해야 한다. 이 방법의 가장 훌륭한 예는 아인슈타인의 중력 법칙이다.

제10장

질량, 운동, 에너지, 작용
MASS, MOMENTUM, ENERGY AND ACTION

    정량적 정밀성을 추구하는 것은 어렵지만 매우 중요하다. 물리적 측정은 매우 정밀하게 이루어지며, 덜 신중하게 측정했다면 상대성이론의 실험적 데이터를 이루는 것과 같은 그런 미세한 불일치도 드러나지 않았을 것이다. 상대성이론이 도입되기 전의 수리물리학은 물리적 측정만큼 정밀하다고 가정된 개념들을 사용했지만, 결과적으로 이 개념들에는 논리적인 결함이 있었고, 이러한 결함이 계산에 근거한 예측에서 매우 작은 편차로 나타난다는 것이 밝혀졌다. 이번 장에서는 상대성이론 이전의 물리학의 기본적인 생각들이 어떻게 영향을 받았고 어떤 수정을 거쳐야만 했는지를 보여주려고 한다.

    우리는 이미 질량에 대해 언급한 바 있다. 일상적인 목적을 위해서는 질량이 무게와 거의 동일하다. 무게를 측정하는 일반적인 방법 — 온스, 그램 등 — 은 사실 질량을 측정하는 것이다. 그러나 정확한 측정을 시작하려면 질량과 무게를 구별해야 한다. 일반적으로 두 가지 다른 측정방법이 사용된다. 하나는 저울(균형저울)을 사용하는 것이고, 다른 하나는 용수철저울을 사용하는 것이다. 여행을 떠나서 수화물의 무게를 측정할 때, 저울이 아닌 용수철에 올려놓는다. 일정량의 무게가 용수철을 눌러 그 결과가 숫자판의 바늘로 표시된다. 자동으로 체중을 측정하는 기계에서도 동일한 원리가 사용된다.

용수철저울은 무게를 보여주지만, 저울은 질량을 보여준다. 당신이 이 세상의 어느 한 곳에만 머문다면 그 차이는 중요하지 않다. 그러나 서로 다른 종류의 두 저울을 다른 여러 장소에서 시험해볼 때, 그것들이 정확하다면 그 결과가 항상 일치하지는 않는다는 것을 발견하게 될 것이다.

저울은 어디에서나 같은 결과를 보여주겠지만, 용수철저울은 그렇지 않다. 즉, 납덩어리가 런던에서는 저울로 10파운드라고 측정되면, 다른 어느 지역의 저울에서도 10파운드로 측정된다. 그러나 용수철저울로 런던에서 10파운드로 측정된 납덩어리는 북극에서는 더 무겁게, 적도에서는 더 가볍게, 비행기에서는 더 가볍게, 그리고 석탄 광산의 깊은 곳에서는 더 가볍게 측정된다. 같은 용수철저울로 모든 장소에서 측정했을 때 그렇다.

사실 두 기구는 전혀 다른 양을 측정한다. (현재 우리가 관심이 있는 정밀성은 별문제로 하고) 저울은 '물질의 양'이라고 불릴 수 있는 것을 측정한다. 1파운드의 깃털과 1파운드의 납에는 같은 '물질의 양'이 있다. 사실은 표준 '질량'인 표준 '무게'는 저울의 반대편에 올려놓은 어떤 물질의 질량을 측정한다. 그러나 '무게'는 지구의 중력에 의해 결정되는 것으로, 지구가 물체를 끌어당기는 힘의 양이다. 이 힘은 장소에 따라 달라진다.

첫째, 지구 밖의 어디에서든 인력은 지구 중심으로부터의 거리의 제곱에 반비례하여 변하므로, 아주 높은 곳에서는 인력이 더 약해진다.

둘째로, 석탄 광산으로 내려가면 지구의 일부가 당신 위에 있어서 물질을 아래가 아닌 위로 끌어당기므로, 지구 표면보다 아래로 끌어당기는 힘이 적어진다.

셋째로, 지구의 회전으로 인해 '원심력'이라 불리는 힘이 중력과 반대로 작용한다. 이 원심력은 지구의 회전속도가 가장 빠른 적도에서 가장 크다. 회전축 위에 있는 극지방에서는 원심력이 존재하지 않는다. 이러한 모든 이유로, 주어진 물체가 지구로 끌어당겨지는 힘은 다양한 장소에서 측정이 가능할 정도로 다르다.

용수철저울이 측정하는 것은 바로 이 힘이다. 그래서 용수철저울은 장소에 따라 다른 결과를 제공한다. 저울의 경우, 표준 '무게'는 측정할 물체와 똑같이 조정되므로 어디에서나 결과가 동일하다. 그러나 이 결과는 '질량'이지 '무게'가 아니다. 표준 '무게'는 어디에서나 동일한 질량을 갖지만, 동일한 '무게'는 아니다. 사실 표준 무게는 무게의 단위가 아니라 질량의 단위이다. 이론적으로, 거의 변하지 않는 질량은 상황에 따라 변하는 무게보다 훨씬 더 중요하다. 질량은 처음에는 '물질의 양'으로 간주할 수 있으며, 이 견해는 엄밀히 말하자면 정확하지는 않겠지만, 이후의 세부 조정을 위한 출발점으로는 유용할 것이다.

이론적인 목적을 위해, 질량은 주어진 가속도를 발생시키는 데 필요한 힘의 양으로 정의된다. 물체의 질량이 클수록, 주어진 시간 안에 주어진 양만큼 속도를 변화시키기 위해 필요한 힘은 더 커진다. 긴 기차를 처음 30초 후에 시속 10마일의 속도로 가속하려면 짧은 기차보다 더 강력한 엔진이 필요하다. 또는 다른 여러 물체에 작용하는 힘이 동일한 경우, 각 물체에서 발생하는 가속도를 측정하면 질량의 비율을 알 수 있나. 질량이 클수록 가속도는 작아진다.

이 방법을 설명하기 위한 예증으로서, 상대성과 관련하여 중요한 사례를 들 수 있다. 방사성 물질은 엄청난 속도로 전자(베타 입자)를 방출한다. 우리는 전자들이 수증기를 통과하면서 구름을 형성하는 경로를 관찰할 수 있다. 동시에, 이 전자들에게 알려진 전기력과 자기력을 가해, 그 힘에 의해 직선에서 얼마나 벗어나는지 관찰할 수 있다. 이를 통해 질량을 비교하는 것이 가능해진다. 그 결과, 속도가 빠를수록 정지한 관찰자가 측정한 질량이 더 커진다는 것이 밝혀졌고, 운동 방향에서 힘의 효과에 따른 질량 증가가 가장 크다. 운동 방향과 직각을 이루는 힘과 관련해서는, 길이와 시간의 변화 비율과 같은 비율로 속도에 따른 질량의 변화가 있다. 또한, 운동 효과를 제외하면 모든 전자의 질량이 동일하다는 것이 알려져 있다.

이 모든 것은 상대성이론이 발명되기 전에도 알려져 있었지만, 이는 전통적인 질량 개념이 그렇게 명확하지 않았음을 보여준다. 질량은 이전에는 '물질의 양'으로 간주되었으며, 완전히 불변하는 것으로 여겨졌다. 이제 질량은 길이와 시간처럼 관찰자에 따라 상대적이며, 운동에 따라 정확히 같은 비율로 변한다는 것이 밝혀졌다. 그러나 이는 수정될 수 있다. 우리는 '고유 질량', 즉 물체의 운동을 공유하는 관찰자에 의해 측정된 질량을 사용할 수 있다. 이는 길이와 시간의 경우와 같은 비율을 적용하여 측정된 질량에서 쉽게 추론할 수 있다.

하지만 더 흥미로운 사실이 있는데, 우리가 이 수정 작업을 마친 후에도 여전히 같은 물체에 대해 항상 정확히 동일한 양을 얻지는 못한다는 것이다. 물체가 에너지를 흡수할 때 — 예를 들어, 더 뜨거워질 때 — 그 물체의 '고유 질량'은 약간 증가한다. 이 증가량은 매우 미미한데, 이는 에너지 증가를 빛의 속도의 제곱으로 나누어 계산하기 때문이다. 반면, 물체가 에너지를 방출할 때는 질량을 잃는다. 이와 관련된 가장 주목할 만한 예는 네 개의 수소 원자가 결합하여 하나의 헬륨 원자를 만들 수 있다는 것이다. 하지만 헬륨 원자의 질량은 수소 원자 4개의 질량을 단순히 합한 것보다 약간 적다.

따라서 우리는 두 가지 종류의 질량을 갖게 되며, 어느 것도 오래된 이상을 완전히 충족시키지는 못한다. 물체에 대해 상대적으로 움직이는 관찰자가 측정한 질량은 상대적인 양으로, 물체의 속성으로서 물리적인 의미가 없다.

반면, '고유 질량'은 관찰자에 의존하지 않는 물체의 진정한 속성이지만, 그것도 엄밀히 말해 일정하지는 않다. 곧 살펴보겠지만, 질량의 개념은 에너지의 개념으로 흡수된다. 말하자면, 질량은 물체가 외부에 드러내는 에너지가 아니라 내부적으로 소모하는 에너지를 나타낸다.

질량 보존, 운동량 보존, 에너지 보존은 고전역학의 주요 원리였다. 다음으로는 운동량 보존에 대해 살펴보자.

어떤 방향에서 물체의 운동량은 그 방향으로의 속도에 질량을 곱한 값이다. 따라서 무거운 물체가 느리게 움직일 때, 가벼운 물체가 빠르게 움직일 때와 같은 운동량을 가질 수 있다. 여러 물체가 충돌하거나 중력 작용 등으로 상호 작용할 때, 외부의 영향이 없으면 모든 물체의 총 운동량은 어떤 방향에서든 변하지 않는다.

이 법칙은 상대성이론에서도 그대로 유지된다. 다른 관찰자들에게는 질량이 다를 수 있지만, 속도도 다르기 때문에 이 두 가지 차이가 서로 상쇄되어 이 원칙은 여전히 유효하다.

물체의 운동량은 방향에 따라 다르다. 일반적인 측정 방법은 주어진 방향으로의 속도(관찰자가 측정한)와 질량(관찰자가 측정한)을 곱하는 것이다. 이제 주어진 방향으로의 속도는 그 방향으로 이동한 거리와 단위 시간의 비율이다. 대신, 물체가 단위 '간격' 동안 이동한 거리를 고려한다고 하자. (일반적인 경우, 이것은 매우 미세한 변화일 뿐이다. 빛의 속도보다 훨씬 느린 속도에서는 간격이 시간의 경과와 거의 같기 때문이다.) 그리고 관찰자가 측정한 질량 대신 고유 질량을 택한다고 가정하자.

이 두 가지 변화는 속도를 증가시키고 질량을 같은 비율로 감소시킨다. 따라서 운동량은 동일하게 유지되지만, 관찰자에 따라 달라지는 양들은 관찰자와 무관하게 고정된 양들로 대체되었다. 단, 주어진 방향으로 물체가 이동한 거리는 예외이다.

우리가 시간 대신 시공간을 대입하면, 측정된 질량(고유 질량과 대조적으로)은 주어진 방향으로의 운동량과 같은 종류의 양이 된다. 이를 시간 방향으로의 운동량이라고 부를 수도 있다. 측정된 질량은 고유 질량에 단위 간격을 통과하는 동안의 시간을 곱하여 얻으며, 운동량은 동일한 고유 질량에 주어진 방향으로의 이동 거리와 단위 간격을 곱하여 얻는다. 시공간 관점에서 이 두 가지는 자연스럽게 함께 존재한다.

물체의 측정된 질량은 관찰자가 물체에 대해 상대적으로 어떻게 움직이는가에 따라 달라지지만, 그럼에도 불구하고 매우 중요한 양이다. 어떤 특정한 관찰자에게 있어서, 물리적 우주의 측정된 질량은 일정하다. 모든 세계의 물체들의 고유질량은 시간에 따라 동일하지 않을 수 있어서, 이 점에서 측정된 질량이 장점이 있다.

측정된 질량의 보존은 에너지의 보존과 동일하다. 이는 처음에는 질량과 에너지가 매우 다른 것처럼 보이기 때문에 놀라울 수 있다. 하지만 에너지가 측정된 질량과 동일하다는 것이 밝혀졌다. 이것이 어떻게 이루어지는지를 설명하는 것은 쉽지 않지만, 시도해보기로 하자.

일상적인 대화에서 '질량'과 '에너지'는 전혀 같은 의미로 사용되지 않는다. 우리는 '질량'을 의자에 앉아 굼뜨게 움직이는 뚱뚱한 사람의 이미지와 연관시키고, '에너지'는 활기차고 빠르게 움직이는 마른 사람을 떠올린다. 일상적인 대화에서는 '질량'과 '관성'을 연상하지만, 관성에 대한 그 관점은 일방적이다. 즉, 움직이기 시작하는 데는 느리다는 측면만 포함하고, 멈추는 데는 느리다는 측면을 포함시키지 않지만 둘 다 관성에 포함된다. 이러한 모든 용어들은 물리학에서 기술적인 의미가 있으며, 일상대화에서의 의미와는 대략적으로만 유사하다. 지금은 '에너지'라는 용어의 기술적인 의미에 주목하기로 하자.

19세기 후반 동안, '에너지의 보존' 또는 허버트 스펜서[*]가 선호했던 '힘의 지속성'에 대한 많은 논의가 있었다. 이 원리는 에너지의 다양한 형태로 인해 간단하게 진술하기 어려웠지만, 본질적인 점은 에너지가 창조되거나 파괴되지 않으며, 다른 형태로 변환될 수 있다는 것이다. 이 원리는 줄[**]의 '열의 기계적 동등성' 발견을 통해 그 위치를 확립했다. 이 발견은 주어진 양의 열을 생성하는 데 필요한 작업과 주어진 높이만큼 주어진 중량을 들어올리는 데 필요한 작업 사이에 일정한 비율이 있다는 것을 보여주었으며, 실제로 같은 종류의 작업이 어떤 메커니즘에

---

[*] Herbert Spencer 1820~1903: 영국의 철학자, 과학자. 진화론자.

[**] James Joule 1818~1889: 영국의 물리학자, 열역학 제1법칙을 제창했다.

따라 두 목적 모두에 이용될 수 있다는 것을 밝혔다.

열이 분자의 운동으로 구성되어 있다는 것이 밝혀졌을 때, 그것이 다른 형태의 에너지와 유사하다는 것은 자연스러웠다. 대략적으로 말하자면, 몇 가지 이론을 통해 모든 형태의 에너지가 두 가지로 축소되었으며, 각각 '운동 에너지'와 '위치 에너지'라고 불렸다. 이것들은 다음과 같이 정의되었다.

입자의 운동 에너지는 질량의 절반에 속도의 제곱을 곱한 값이다. 여러 입자의 운동 에너지는 각 입자의 운동 에너지를 합한 것과 같다.

위치 에너지는 정의하기 더 어렵다. 이는 힘을 적용해야만 유지할 수 있는 어떤 변형 상태를 나타낸다. 가장 간단한 예를 들자면, 추를 높이 들어올려 매달아 놓으면 위치 에너지가 생기는데, 이는 스스로 떨어질 수 있기 때문이다. 그 위치 에너지는 그 물체가 떨어지면서 얻을 운동 에너지와 같다. 비슷하게, 혜성이 태양 주위를 매우 이심률이 큰 궤도로 돌 때, 태양에 가까울 때는 속도가 훨씬 빨라져서 운동 에너지가 커진다. 반면, 태양에서 멀어질 때는 위치 에너지가 가장 크며, 이는 마지 돌이 높은 곳에 들어올려진 것과 같다.

혜성의 운동 에너지와 위치 에너지의 합은 충돌을 겪거나 꼬리를 형성하면서 물질을 잃지 않는 한 일정하게 유지된다. 우리는 어떤 위치에서 다른 위치로 이동할 때의 위치 에너지 변화를 정확히 측정할 수 있지만, 총 위치 에너지의 양은 어느 정도 임의적이다. 우리는 원하는 곳에 0점을 설정할 수 있기 때문이다.

예를 들어, 돌의 위치 에너지는 그것이 지표면까지 떨어질 때 얻을 운동 에너지로 정할 수도 있고, 우물 속으로 지구 중심까지 떨어질 때 얻을 운동 에너지로 정할 수도 있으며, 또는 그보다 더 짧은 거리로 정할 수도 있다. 우리가 어느 것을 선택하든 상관없으며, 선택한 기준을 유지하기만 하면 된다. 우리가 신경 써야 할 것은 이익과 손실의 계산서이며, 처음 시작할 때의 자산의 양에는 영향을 받지 않는다.

주어진 집합체의 운동 에너지와 위치 에너지는 관찰자에 따라 다르게 나타난다. 고전역학에서는 운동 에너지가 관찰자의 운동 상태에 따라 달랐지만, 그 차이는 항상 일정한 양에 불과했다. 반면, 위치 에너지는 전혀 달라지지 않았다. 따라서 각 관찰자에게 총 에너지는 일정하게 유지되었으며, 이는 해당 관찰자들이 직선으로 일정한 속도로 움직이거나, 그렇지 않더라도 그들의 운동을 직선 운동을 하는 물체에 참조할 수 있다고 가정할 때 성립되었다. 하지만 상대성 역학에서는 상황이 더 복잡해진다. 위치 에너지의 개념을 상대성이론에 유용하게 적용할 수 없기 때문에, 엄격한 의미에서 에너지 보존은 유지될 수 없다.

그러나 우리는 운동 에너지에만 적용되는, 에너지 보존과 유사한 성질을 얻을 수 있다.

에딩턴의 설명처럼, 운동 에너지는 항상 엄밀하게 보존되지 않으며, 따라서 고전 이론은 위치 에너지라는 보충개념을 도입하여 두 에너지의 합이 엄밀하게 보존되도록 한다. 반면, 상대성이론은 운동 에너지에 대해 항상 성립하는 다른 공식을 발견한다.

'상대성이론은 물리량을 고수하면서 법칙을 수정하는 반면, 고전 이론은 법칙에 고수하면서 물리량을 수정한다.' 새로운 공식은 '에너지와 운동량의 보존 법칙'으로 언급될 수 있으며, 비록 형식적으로는 보존 법칙이 아니지만, 고전역학이 보존으로 설명하는 현상을 정확하게 표현한다. 에너지 보존의 개념은 이와 같이 수정된 덜 엄밀한 의미에서만 참으로 남아 있다.

실제로 '보존'이라는 개념은 이론에서 말하는 것과 정확히 일치하지 않는다. 이론적으로는 어떤 양이 보존된다고 말할 때, 그 양이 세계의 어느 시점에서도 동일하다고 간주한다. 그러나 실제로는 전 세계를 감시할 수 없기 때문에 더 관리 가능한 의미로 접근해야 한다. 즉, 주어진 지역을 고려할 때, 그 지역 내의 양이 변화했다면, 그것은 양의 일부가 지역의 경계를 넘어서 이동했기 때문이라는 의미이다. 출생과 사망이 없다면, 인구는 보존될 것이다. 즉, 인구의 변화는 오직 이민이나 외국으로의 이주와 같은 경계 이동에 의해서만 일어난다는 것이다.

우리는 중국이나 중앙아프리카의 정확한 인구 조사를 할 수 없을 수도 있고, 따라서 전 세계 인구를 정확히 파악하지 못할 수도 있다. 하지만 통계가 가능한 곳에서는 인구가 국경을 넘는 사람들로 인한 변동을 제외하고는 전혀 변하지 않는다면, 인구가 일정하다고 가정할 수 있을 것이다. 물론 실제로 인구는 보존되지 않는다. 내가 아는 한 생리학자가 네 마리의 쥐를 보온병에 넣었다. 몇 시간 후에 그가 쥐를 꺼내려고 했을 때, 그 안에는 열한 마리가 있었다. 그러나 질량은 이러한 변동에 영향을 받지 않았다. 시간이 지나 쥐 열한 마리의 질량은 처음 네 마리의 질량보다 크지 않았다.

이제 '작용'이라는 개념에 대해 이야기하자. 이것은 에너지보다 일반 대중에게 덜 익숙하지만, 상대성이론과 양자이론에서는 더 중요해졌다. (양자는 작은 양의 작용을 의미한다.) '작용'이라는 용어는 에너지와 시간을 곱한 것을 나타낸다. 즉, 어느 계(系)에 1 단위의 에너지가 있다면, 그것은 1초에 1단위의 작용을 하고, 100초에 100단위의 작용을 한다. 100단위의 에너지를 가진 계는 1초에 100단위의 작용을 하고, 100초에 10,000단위의 작용을 하는 식이다.

따라서 '작용'은 느슨한 의미에서 얼마나 많은 일이 이루어졌는지를 측정하는 것과 같다. 더 많은 에너지를 사용하거나 더 오랜 시간 동안 작업을 수행함으로써 작용이 증가한다. 에너지가 측정된 질량과 동일하기 때문에, 작용도 측정된 질량과 시간을 곱한 것으로 볼 수 있다. 고전역학에서는 물질의 '밀도'를 부피로 나눈 질량으로 정의한다. 즉, 작은 지역의 밀도를 알면, 부피와 밀도를 곱하여 전체 물질량을 알아낼 수 있다.

상대성 역학에서는 항상 공간을 시공간을 대체하려고 한다. 따라서 '지역'은 단순한 부피가 아니라 시간을 포함한 부피로 이해되어야 한다. 작은 지역은 작은 부피와 작은 시간을 포함하는 것이다. 따라서 주어진 밀도에 대해, 새로운 의미의 작은 지역은 단순한 작은 질량이 아니라, 작은 질량과 작은 시간을 곱한 것, 즉 작은 양의 '작용'을 포함하게 된다. 이것이 작용이 상대성 역학에서 근본적인 중요성을 가질 것이라고 예상되는 이유를 설명한다. 실제로도 중요하다.

모든 역학법칙은 '최소 작용의 원리'(The Principle of Least Action)라는 하나의 원칙으로 통합되었다. 이 원리는 하나의 상태에서 다른 상태로 이동할 때, 물체가 조금 다른 경로보다 적은 작용을 수반하는 경로를 선택한다는 것을 말한다. 다시 말해, 우주의 게으름 법칙이다.

이 원리는 에딩턴에 의해 지적된 일정한 제한이 있지만, 역학의 순수 형식적 부분을 설명하는 가장 포괄적인 방법 중 하나로 남아 있다. 양자가 작용의 단위라는 사실은 작용이 세계의 경험적 구조에서도 근본적임을 보여준다. 그러나 현재는 양자이론과 상대성이론을 연결하는 다리는 없다.

제11장

우주는 유한할까?

IS THE UNIVERSE FINITE?

지금까지 우리는 과학적으로 얻어진 결과들에 대해 다루었다. 이것들이 앞으로도 개선이 필요 없다는 의미는 아니다. 그러나 아인슈타인이 뉴턴을 기반으로 구축된 것처럼 앞으로의 진보는 그 결과들 위에 구축되어야 한다. 과학은 불변의 진리와 영원한 신조를 확립하는 것을 목표로 하지 않는다. 그 목표는 점진적으로 진리에 접근하는 것이며, 어느 단계에서도 최종적이고 완전한 정확성을 주장하지 않는다.

그러나 매우 신뢰할 수 있는 결과와 근거가 불확실한 추측 사이에는 차이가 있다. 상대성이론과 관련된 몇 가지 매우 흥미로운 추측들이 있으며, 우리는 그 중 일부를 살펴볼 것이다. 그러나 이 이론들이 우리가 지금까지 다루었던 것들과 같은 단단한 기반을 가지고 있다고 생각해서는 안 된다.

내가 언급한 추측들 중 가장 흥미로운 것 중 하나는 우주가 유한할 수 있다는 제안이다. 아인슈타인과 드시터가 각각 유한한 우주를 구상했는데, 이 두 가지는 약간 다르다. 그 차이점을 고려하기 전에, 이 두 가지 이론이 공통적으로 가지고 있는 점을 논의해보자.

우선, 우주에 존재하는 물질의 양이 제한되어 있다는 몇 가지 이유가 있다. 만약 그렇지 않다면, 매우 멀리 있는 물질의 중력 효과가 우리가 살고 있는 세상을 불가능하게 만들 것이다. 따라서 우리는 우주에 전자와 양성자의 수가 유한하다고 가정해야 한다. 이론적으로는 그것들의 완전한 목록을 작성할 수 있다. 이들은 모두 일정한 유한한 영역 내에 포함되어 있으며, 그 영역 밖에 있는 공간은 비유하자면 너무 큰 집의 가구가 없는 방들처럼 낭비된 공간이다. 이런 것은 쓸모없어 보이지만, 과거에는 이러한 가능성을 대체할 방법을 몰랐다. 공간에 경계가 있다는 것을 상상하는 것은 명백히 불가능했기 때문에, 공간은 무한하다고 생각했다.

그러나 비유클리드 기하학은 다른 가능성을 보여주었다. 구의 표면은 한계가 없지만, 그렇다고 무한한 것은 아니다. 지구를 한 바퀴 도는 동안 우리는 '세상의 끝'에 도달하지 못하지만,

지구는 무한하지 않다. 지구의 표면은 3차원 공간에 포함되어 있지만, 논리적으로 3차원 공간 역시 유사한 방식으로 구성되지 말라는 법은 없다. 우리가 영원히 뻗어 있다고 상상하는 직선은 구의 대원처럼 결국 출발점으로 돌아오게 될 것이다.

우주에는 이 대원들보다 더 직선적인 것이 없을 것이다. 유클리드의 직선은 아름다운 꿈으로 남을 수는 있겠지만, 실제 세계에서는 가능하지 않다. 특히, 빈 공간에서 광선은 실제로 대원을 따라 이동할 것이다. 우리가 충분히 정밀하게 측정할 수 있다면, 공간의 작은 부분만으로도 이런 상황을 유추할 수 있을 것이다. 왜냐하면 삼각형의 내각의 합이 항상 두 직각을 초과하게 될 것이고, 그 초과분은 삼각형의 크기에 비례할 것이기 때문이다. 우리가 고려해야 할 제안은 바로 우리 우주가 이러한 의미에서 구형일 수 있다는 제안이다.

독자들은 이 제안을 새로운 중력법칙이 의존하는 비유클리드적 공간의 성격과 혼동해서는 안 된다. 후자는 태양계와 같은 작은 영역에 관련된 것이다. 이 법칙이 주목하는 평탄함에서의 이탈은 지구 표면의 언덕과 계곡 같은 지역적인 불규칙성이지, 전체적인 특성은 아니다. 지금 우리가 다루고 있는 것은 우주 전체의 가능한 곡률이지 태양이나 별들로 인해 발생하는 때때로의 변동이 아니다. 제안된 바에 따르면, 평균적으로, 그리고 물질로부터 멀리 떨어진 영역에서, 우주는 완전히 평평하지 않으며, 2차원의 구의 곡률과 유사한 약간의 곡률을 3차원에서 가질 수 있다는 것이다.

우선, 이것이 사실이 아닐 이유가 조금도 없다는 점을 인식하는 것이 중요하다. 비유클리드 기하학에 익숙하지 않은 사람들은, 그런 것이 논리적으로 가능하다고 해도 세상이 그렇게 이상할 리 없다고 느낄 수 있다. 우리는 모두 세상이 우리의 편견에 맞춰져 있을 것이라고 생각하는 경향이 있다. 반대되는 견해를 받아들이는 데는 어느 정도 생각하는 노력이 필요하며, 대부분의 사람들은 생각하느니 차라리 죽는 편을 택할 것이다. 실제로 그렇다. 하지만 구면 우주가 유클리드적 편견 속에서 자란 사람들에게 이상하게 보인다고 해서 그것이 불가능하다는 증거가 되는 것은 아니다.

학교에서 가르치는 것이 반드시 진리여야 한다는 자연 법칙은 없다. 따라서 구면 우주 가설을 다른 어떤 가설보다 가치가 덜할 것으로 간주할 수 없다. 우리는 다른 경우와 마찬가지로 스스로에게 두 가지 질문을 해야 한다. 첫째, 이 가설이 사실들과 일치하는가? 둘째, 이 가설이 사실들과 일치하는 유일한 가설인가?

첫 번째 질문과 관련해서, 답은 의심할 여지없이 긍정적이다.

알려진 모든 사실은 구면 우주 가설과 완벽하게 일치한다. 중력법칙의 아주 약간의 수정 ― 아인슈타인 스스로가 제안한 수정― 은 태양계와 같은 작은 영역에서는 측정 가능한 차이를 일으키지 않으면서도 구면 공간을 이끌어낸다. 알려진 별들은 모두 우리로부터 일정한 거리 내에 있다. 우리가 알고 있는 별들의 우주에는 공간이 반드시 무한해야 한다는 것을 보여주는 것이 전혀 없다. 따라서 현재의 지식에 따르면, 유한한 우주 가설이 사실일 수 있다는 점에 의심의 여지가 없다.

그러나 유한한 우주 가설이 반드시 참이어야 하느냐고 묻는다면, 답은 다르다. 일반적인 관점에서 우리가 알고 있는 것만으로는 전체 사물에 대한 확정적인 결론을 도출할 수 없다는 것은 명백하다. 중력에 대한 뉴턴 공식의 아주 약간의 변화만으로도 가시적인 우주의 한계를 넘어서는 질량이 존재한다면 그들이 실질적인 영향을 미치지 못하게 할 것이며, 따라서 그것들이 존재하지 않는다고 추정하는 우리의 근거를 무너뜨릴 것이다. 관찰할 수 없는 먼 지역에 관한 모든 논거는 우리가 사는 세계의 부분에서 유효한 법칙을 그 시역에도 확장하는 것에 의존하며, 이 법칙들에 관찰 가능한 거리에서는 무시할 수 있지만 훨씬 더 먼 거리를 포함하는 추론에서는 치명적인 부정확함이 없다는 가정을 전제로 한다. 따라서 우주가 반드시 유한하다고 말할 수는 없다. 우주는 유한할 수 있다고 말할 수 있고, 이보다 약간 더 말할 수도 있다.

유한한 우주가 우리가 알고 있는 부분의 법칙에 더 잘 맞으며, 우주를 무한하게 만들기 위해서는 법칙을 어색하게 조정해야 한다고 말할 수 있다. 우리가 알고 있는 것을 가장 잘 맞출 수 있는 틀을 선택한다는 관점에서, 즉 논리-미학적 관점에서 볼 때 유한 우주 가설이 더 바람직하다는 것은 의심할 여지가 없다. 이 정도가 유한 우주 가설이 유리하다고 말할 수 있는 범위라고 생각한다.

이제 두 가지 유한한 우주가 어떤 모습인지 살펴보자. 그 차이점은 아인슈타인의 세계에서는 공간만 이상하지만, 드시터의 세계에서는 시간도 이상하다는 점이다. 따라서 아인슈타인의 세계가 덜 혼란스러우므로 먼저 그것을 설명해 보기로 하자.

아인슈타인의 세계에서는 빛이 약 10억 년 정도의 시간 동안 우주 전체를 돌아다닌다. 이상한 점은 태양에서 출발한 모든 광선들이, 엄청난 여행을 마친 후 다시 출발했던 당시의 태양이 있던 위치에서 만난다는 것이다. 이 상황은 마치 여러 여행자들이 런던에서 출발해 대원을 따라 세상을 여행하는 것과 정확히 유사하다. 이들은 각기 다른 비행기를 타고 같은 속도로 여행을 한다. 한 사람은 북쪽으로 출발해 북극을 지나 남극을 통과한 후 집으로 돌아온다. 또 다른 사람은 남쪽으로 출발해 먼저 남극에 도착하고 그 후 북극으로 향한다. 또 다른 사람은 서쪽으로 출발하는데, 계속 서쪽으로만 가면 대원을 따라 여행하지 않는 것이기 때문에 방향을 조정해야 한다. 또 다른 사람은 동쪽으로 출발하는 등, 결국 이들은 모두 런던의 대척점에서 만난 다음 다시 모두 런던에서 만난다.

지구 주위를 도는 비행기 대신 우주를 도는 광선을 생각하면, 비슷한 일이 일어난다. 모든 광선은 먼저 출발 지점의 대척점에서 만나고, 다시 출발 지점에서 만나게 된다. 즉 약 5억 년 전에 태양이 있던 곳의 대척점에 가까운 사람이 당시 태양만큼 밝고, 모양과 크기도 같은 천체를 보게 된다는 뜻이다(불투명한 물체에 막힌 소량의 빛은 제외하고). 10억 년 전 태양이 있던 곳 근처에 있던 사람도 그 당시 태양과 똑같은 천체를 보게 된다. 15억 년 전 태양의 대척점이나 20억 년 전 태양이 있던 곳에서도 마찬가지다. 이 연속은 태양이 존재하기 이전의 시점으로 거슬러 올라갈 때에야 끝난다.

하지만 이 태양들은 모두 유령에 불과하다. 즉, 저항을 느끼지 못하고 통과할 수 있으며, 중력을 발휘하지도 않는다. 사실 이 태양들은 거울 속의 이미지와 같아서 시각에만 존재할 뿐,

다른 감각에는 존재하지 않는다. 이 이론이 맞다면, 우리가 하늘에서 보는 수많은 물체들이 단순한 유령에 불과할 수 있다는 생각은 꽤 불안하게 만든다. 그것들은 전생에 살았던 현장을 다시 찾는 유령처럼 행동한다.

가령 별들이 때때로 그러는 것처럼 어떤 별이 특정 장소에서 폭발했다고 가정해보자. 매 10억 년마다 그 별의 유령이 재난이 일어난 장소로 돌아와 다시 같은 곳에서 폭발할 것이다. 하지만 광선들이 충분한 정확도로 여행을 수행하여 명확한 이미지를 만들어낼 수 있을지는 상당히 의문스럽다. 그것들 중 일부는 도중에 물질에 의해 막힐 것이고, 일부는 중력체 근처를 지나면서 경로가 휘어질 것이며(제9장에서 설명한 일식 관측에서처럼), 여러 가지 이유로 그것들의 복귀는 정확하게 정시에 이루어지지는 않을 것이다.

아인슈타인의 우주가 완전히 옳을 수 있는지를 의심할 만한 여러 가지 이유가 있다. 그 중 일부는 꽤 복잡하다. 그러나 쉽게 이해할 수 있는 반론이 하나 있다. 아인슈타인의 이론에서는 절대 공간과 시간이 다른 방식으로 다시 등장한다. 유령 같은 태양은 10억 년 전 그것이 있었던 '장소'에 형성된다. 그 '장소'와 시간은 어느 정도 절대적인 개념이다. 우리는 1장에서 '장소'라는 것이 과학적 정확성을 지닐 수 없는 모호하고 대중적인 개념이라는 것을 이미 보았다. 우리가 고치려고 했던 오류들이 결국 다시 나타난다면, 이렇게 방대한 지적 노력을 기울일 가치가 있는지 의문이 든다.

드시터*의 세계는 아인슈타인의 세계보다 더 기묘한데, 시간뿐만 아니라 공간도 이상해지기 때문이다. 시간에 어떤 형태의 광기가 깃들었는지 비수학적인 언어로 설명하는 것은 거의 불가능하지만, 그 일부 현상은 설명할 수 있다.

이 세계에서 관찰자가 여러 시계를 관찰한다고 가정해보자. 각 시계는 자신만의 관점에서 완벽하게 정확하지만, 관찰자는 먼 곳에 있는 시계들이 주변에 있는 시계들보다 더 느리게 가고 있다고 생각할 것이다. 그 시계들은 점점 더 느리게 가는 것처럼 보이다가, 우주 둘레의 4분의 1에 해당하는 거리에 이르면 완전히 멈춘 것처럼 보일 것이다.

그 지역은 관찰자에게는 아무 일도 일어나지 않는 일종의 '로터스랜드(lotus land 무릉도원)'처럼 보일 것이다. 그는 더 먼 곳에 있는 것들을 인식할 수 없을 텐데, 이는 빛의 파동이 그 경계를 넘어올 수 없기 때문이다. 물론 실제로 경계가 있는 것은 아니다. 관찰자가 로터스랜드라고 생각하는 곳에 사는 사람들은 관찰자만큼이나 분주한 삶을 살고 있지만, 그들은 관찰자가 영원

* Willem de Sitter 1872~1934: 네덜란드의 천문학자. 드시터 우주공간을 제안하여 현대우주론에 크게 기여했다.

히 멈춰 있는 것처럼 느낀다. 사실, 당신은 로터스랜드를 인식하지 못할 것이다. 왜냐하면 그곳에서 당신에게 빛이 도달하는데 무한한 시간이 걸리기 때문이다. 당신은 그곳 바로 직전의 장소들을 인식할 수는 있겠지만, 그곳 자체는 항상 당신의 인식 범위를 벗어나 있을 것이다. 아인슈타인의 세계에 있는 유령 같은 태양들은 존재하지 않을 것이다. 빛은 그렇게 멀리까지 이동할 수 없기 때문이다.

이 상황에서 가장 이상한 점 중 하나는 이에 대해 찬반을 가릴 수 있는 실험적 증거가 가능하다는 것이며, 실제로 이를 지지하는 약간의 증거가 있다는 것이다. 모든 '시계'가 관찰자로부터 먼 거리에서 느려진다면, 이는 원자의 주기적인 운동에도 적용되고, 따라서 그것들이 방출하는 빛에도 적용된다. 그 결과, 먼 곳의 물체들이 방출하는 모든 빛은 우리에게 도달할 때, 처음 방출되었을 때보다 약간 더 붉거나 덜 보랏빛으로 보일 것이다. 이것은 분광기로 테스트할 수 있다. 우리는 나선 성운의 스펙트럼에 나타난 특정한 선을 지구 실험실에서 나타나는 동일한 선과 비교할 수 있다.

사실, 대다수의 나선 성운에서 스펙트럼 선이 적색으로 상당히 이동해 있는 것을 발견한다. 나선 성운은 우리가 볼 수 있는 가장 먼 물체들로, 에딩턴은 그 거리가 '약 백만 광년 정도일 수도 있다'고 한다. (광년은 빛이 1년 동안 이동하는 거리이다.) 스펙트럼 선이 적색으로 이동하는 것에 대한 일반적인 해석은, 광원이 우리로부터 멀어지고 있기 때문에 발생하는 '도플러 효과'라는 것이다. 그러나 단순히 확률의 법칙만 작용한다면, 나선 성운이 우리에게서 멀어지는 것만큼 자주 우리에게 가까워지는 것도 발견해야 할 것이다. 하지만 드시터의 세계가 실제로 그렇다면, 나선 성운의 스펙트럼 선이 실제로 우리에게서 멀어지지 않더라도, 먼 곳에 있는 시계들의 느려짐 때문에 적색으로 이동할 것이다. 이는 비록 그 가치가 어떻든 간에 드시터의 이론을 지지하는 논거가 될 수 있다.

같은 사실들이 다른 이유로 드시터에게 유리한 또 다른 논거를 제공한다. 특정 시점에서 어떤 물체가 관찰자에 대해 정지해 있다고 해도, 그 물체가 일정한 거리에 있다면, (이를 상쇄할 요인이 없다면) 그 물체는 관찰자의 관점에서 계속 정지해 있지 않고, 관찰자로부터 멀어지기 시작할 것이며, 점점 더 빠르게 멀어지게 될 것이다. 그 물체가 관찰자와 멀어질수록 그 후퇴 속도는 더욱 가속화될 것이다.

서로 너무 멀지 않은 물체들에 대해서는 중력이 이러한 경향을 억제할 수 있겠지만, 이 경향은 거리와 함께 증가하는 반면, 중력은 감소하기 때문에, 드시터의 이론이 옳다면 매우 먼 물체들이 우리로부터 멀어지는 것을 기대할 수 있을 것이다.

따라서 나선 성운의 스펙트럼 선이 이동하는 데에는 두 가지 이유가 있다. 하나는 시간이 느려지는 것이고, 다른 하나는 중력이 작용하지 않을 만큼 멀리 있는 물체들이 우리로부터 멀어지는 경향이다. 그러나 이 두 가지 근거 중 어느 것도 그 논거가 매우 강하다고 말할 수는 없다. 에딩턴은 41개의 나선 성운 목록을 제시했는데, 그 중 5개의 성운은 스펙트럼 선이 적색이 아닌 보라색으로 이동해 있었다. 따라서 자료가 매우 풍부하지도 않고 완전히 일관되지도 않는다.

아인슈타인과 드시터의 가설들이 유한한 우주의 모든 가능성을 다루는 것은 아니다. 그것들은 단지 그러한 세계의 두 가지 가장 단순한 형태일 뿐이다. 각각의 가설에 대한 반론이 있으며, 그 중 어느 것도 완전히 옳다고 보기는 어려워 보인다. 하지만 이와 어느 정도 유사한 무언가가 사실일 가능성은 있다. 만약 우주가 유한하다면, 이론적으로는 그것의 완전한 목록을 작성할 수 있을 것이다. 우리는 물리학이 상상력을 확장하고 세계를 체계화하는 데 있어서 할 수 있는 일의 끝에 다가가고 있을지도 모른다.

갈릴레이 이후의 시기는 본질적으로 물리학의 시대였으며, 그리스 시대는 기하학의 시대였다. 물리학의 근본 법칙들이 완전히 알려지면, 물리학이 성공함에 따라 그 매력을 잃게 될지도 모른다. 그러면 모험적이고 탐구적인 지성들은 다른 분야로 눈을 돌리게 될 것이다.

이것은 인간 삶의 전체 구조를 깊이 변화시킬 수 있다. 현재 우리가 기계와 산업주의에 몰두하고 있는 것은 물리 법칙에 대한 이론가들의 관심이 실질적인 세계에 반영된 것이기 때문이다. 그러나 이러한 추측은 드시터의 추측보다도 더 무모할 수 있으며, 나는 이것에 대해 강조하고 싶지는 않다.

제12장

관습과 자연법칙

CONVENTIONS AND NATURAL LAWS

모든 논쟁에서 가장 어려운 문제 중 하나는 단어에 대한 논쟁과 사실에 대한 논쟁을 구분하는 것이다. 어려워서는 안 되는 문제이지만, 실제로는 어렵다. 이러한 점은 물리학에서나 다른 학문에서도 마찬가지로 사실이다. 17세기에는 '힘'이 무엇인지에 대한 격렬한 논쟁이 있었다. 현재의 우리에게는 그것이 명백히 '힘'이라는 단어를 어떻게 정의할 것인지에 대한 논쟁처럼 보이지만, 당시에는 그것을 훨씬 더 중요한 문제로 여겼다.

상대성이론의 수학에서 사용되는 텐서 기법의 목적 중 하나는 물리법칙에서 순전히 언어적인 요소(확장된 의미로)를 제거하는 것이다. 좌표계의 선택에 의존하는 것은, 이 맥락에서 볼 때, 당연히 '언어적'인 문제라는 점은 분명하다막대로 배를 밀고 나가는 사람은 배를 따라 걸어가지만, 막대를 집어 들지 않는 한 강바닥에 대해 일정한 위치를 유지하는 것과 같다.

소인국 사람들은 그가 걷고 있는지 아니면 가만히 서 있는지에 대해 끝없이 논쟁할 수 있을 것이다. 이 논쟁은 사실에 대한 것이 아니라 단어에 대한 것이다. 만약 우리가 배에 상대적으로 고정된 좌표계를 선택한다면 그는 걷고 있는 것이고, 강바닥에 고정된 좌표계를 선택한다면 가만히 서 있는 것이다.

우리는 물리법칙을 두 개의 다른 좌표계에 의해 동일한 법칙을 표현할 때, 그것이 동일한 법칙임을 분명히 알 수 있는 방식으로 표현하고자 한다. 그렇게 하면 단지 다른 말로 표현된 하나의 법칙을 가지고 있는 상황에서 서로 다른 법칙을 가지고 있다고 오해하지 않게 된다. 이것은 텐서 기법에 의해 이루어진다. 한 언어로는 그럴듯해 보이는 일부 법칙들이 다른 언어로는 번역될 수 없다면, 그것들은 자연법칙으로서 불가능한 것이다.

어떤 좌표계 언어로도 번역될 수 있는 법칙들은 일정한 특징을 지니고 있다. 이는 상대성이론이 가능하다고 인정할 수 있는 자연법칙을 찾는 데 상당한 도움을 준다. 실제 물체들의 운동에 대해 알고 있는 것들과 결합하여, 우리는 중력법칙의 올바른 표현이 무엇인지 결정할 수 있다. 이 표현을 얻는 데는 논리와 경험이 동등한 비율로 결합된다.

하지만 자연법칙을 찾아내는 문제는 텐서 기법만으로 해결될 수 없다. 추가적으로 신중한 사고가 많이 필요하다. 일부는 이미 이루어졌으며, 특히 에딩턴이 큰 공헌을 했지만, 해야 할 일이 여전히 많이 남아 있다.

간단한 예를 들어보자. 피츠제럴드 수축 가설에서처럼, 한 방향의 길이가 다른 방향보다 짧다고 가정해 보자. 예를 들어, 북쪽을 가리키는 자가 동쪽을 가리키는 동일한 자의 절반 길이라고 가정하고, 이것이 모든 물체에도 동일하게 적용된다고 하자. 이러한 가설은 어떤 의미를 갖는 것일까? 만약 서쪽을 가리킬 때 15피트 길이인 낚싯대를 북쪽으로 돌린다면, 자도 함께 줄어들었기 때문에 그 낚싯대는 여전히 15피트로 측정될 것이다. 눈도 같은 방식으로 영향을 받았기 때문 더 짧게 보이지도 않을 것이다.

이 변화를 알아내려면 일반적인 측정 방식으로는 불가능하고, 빛의 속도를 사용하여 길이를 측정하는 마이컬슨-몰리 실험과 같은 방법을 사용해야 한다. 그런 다음, 길이가 변한다고 가정하는 것이 더 간단한지, 빛의 속도가 변한다고 가정하는 것이 더 간단한지를 결정해야 한다.

실험적 사실은, 당신의 자가 일정한 거리라고 가리키는 길이를 빛이 한 방향에서는 다른 방향보다 더 오래 이동하거나, 마이컬슨-몰리의 실험처럼 더 오래 걸릴 것 같지만 그렇지 않다는 것이다. 이러한 사실에 맞춰 측정 방식을 여러 가지로 조정할 수 있으며, 어느 방식을 채택하든 어느 정도의 관습적 요소가 포함될 것이다.

이 관습적 요소는 측정 방식을 결정한 후에 도출된 법칙에도 남아 있으며, 종종 미묘하고 파악하기 어려운 형태를 띤다. 이 관습적 요소를 완전히 제거하는 것은 사실 매우 어려운 일이며, 이 주제를 더 연구할수록 그 어려움이 더욱 커진다.

더 중요한 예는 전자의 크기와 모양에 대한 문제이다. 우리는 실험적으로 모든 전자가 동일한 크기를 가지고 있으며, 모든 방향에서 대칭적이라는 사실을 발견한다. 이것은 실험으로 확인된 진정한 사실일까, 아니면 우리의 측정 기준에 따른 결과일까? 여기에서 우리는 여러 가지 비교를 해야 한다.

(1) 한 전자를 한 시점에서 다양한 방향으로 비교, (2) 한 전자를 다른 시점에서 비교, (3) 두 전자를 같은 시점에서 비교한다. 그런 다음 (2)와 (3)을 결합하여 서로 다른 시점에서 두 전자를 비교할 수 있다.

모든 전자에 동일하게 영향을 미치는 가설은 배제할 수 있다. 예를 들어, 특정 시공간 영역에서 모든 전자가 다른 영역보다 더 크다고 가정하는 것은 아무런 의미가 없을 것이다.

이러한 변화는 측정 대상만큼이나 측정 장비에 영향을 미치기 때문에, 발견 가능한 현상을 일으키지 않을 것이다. 이는 곧 그것이 실제로는 아무런 변화도 없다는 말과 같다. 하지만 예를 들어, 두 전자가 동일한 질량을 가진다는 사실은 순전히 관습적인 것이라고 볼 수 없다. 충분히 세밀하고 정확한 방법이 있다면, 세 번째 전자에 대해 다른 두 전자가 미치는 영향을 비교할 수 있고, 같은 조건에서 그 영향이 같다면, 우리는 그것들이 순전히 관습적인 의미가 아닌, 동일하다고 추론할 수 있을 것이다. 전자가 가하는 힘의 대칭성 문제, 즉 이 힘들이 전자로부터의 거리만을 의존하고 방향에는 의존하지 않는다는 문제는 더 복잡하다. 에딩턴은 결국 이것 역시 관습의 문제라고 결론짓는다. 그 논의는 어렵고 나도 완전히 이해하지 못했지만, 그것을 유효하다고 받아들이는 데에는 약간의 망설임이 있다.

에딩턴은 상대성이론의 더 진보된 부분에서 다루는 과정을 '세계 건설'이라고 묘사한다. 건설해야 할 구조는 우리가 알고 있는 물리적 세계이며, 경제적인 건축가는 가능한 한 적은 재료로 그것을 구성하려고 한다.

이것은 논리와 수학의 문제이다. 이 두 분야에서 기술적 능력이 뛰어날수록, 우리는 더 많은 실제 건물을 짓고, 단순히 돌무더기에 만족하는 일은 줄어들 것이다. 그러나 자연이 제공하는 돌을 건축에 사용하기 전에, 우리는 그것들을 올바른 형태로 다듬어야 한다. 이 과정 전체가 세계 건설의 일부이다. 이것이 가능하려면, 원재료는 어느 정도의 구조를 갖추고 있어야 한다(이를 목재의 결과 유사하다고 생각할 수 있다). 하지만 그 어떤 구조라도 상관없다. 연속적인 수학적 정교화 과정을 통해 우리의 초기 요구사항을 점점 줄여나가면, 결국 그 요구사항은 아주 미미한 것이 된다.

원재료에 최소한의 필수 구조가 있다고 가정하면, 우리는 그것으로부터 우리가 인식하는 세계를 설명하는 데 필요한 성질, 특히 운동량과 에너지(또는 질량)의 보존 특성을 지닌 수학적 표현을 구성할 수 있음을 발견하게 된다.

우리의 원재료는 단순히 사건들로 이루어져 있었지만, 그로부터 측정한 결과로 결코 창조되거나 소멸되지 않는 것으로 보이는 무언가를 만들 수 있다는 사실을 알게 되면, 우리가 '물체'를 믿게 되는 것도 놀랍지 않다. 이러한 물체는 사실 사건들로부터 만들어진 단순한 수학적 구성물에 불과하지만, 그 영속성 덕분에 실질적으로 중요한 역할을 하며, 우리의 감각은 (아마도 생물학적 필요에 의해 발달했을 것이므로) 이 물체들을 인식하는 데 적합하게 되어 있다. 이는 이론적으로 더 근본적인 사건들의 연속체보다 물체를 인식하는 데 더 익숙하다는 뜻이다.

이러한 관점에서 보면, 물리학이 실제 세계를 얼마나 적게 드러내는지 놀라울 정도이다. 우리의 지식은 단순히 관습적 요소에 의해 제한될 뿐만 아니라, 우리의 지각 장치가 선택적으로 작동한다는 사실에 의해서도 제한된다.

우리는 7장에서 설명한 의미에서 두 사건 사이에 '간격'이 있다고 가정한다. 하지만 이제는 한 지역의 간격 길이와 다른 지역의 간격 길이를 명확하게 비교할 수 있다고 가정하지 않는다. 이러한 제한을 도입한 바일은, 같은 지점에서 시작하는 여러 개의 작은 간격들을 비교할 수 있다고 가정한다. 또한, 매우 짧은 거리에서 우리의 측정자는 길이가 크게 변하지 않기 때문에, 이웃하는 장소에서 일반적인 방법으로 길이를 비교해도 오차가 적을 것이라고 가정한다. 바일은 간격에 대한 우리의 가정을 이렇게 줄임으로써 전자기학과 중력을 하나의 체계로 통합할 수 있다는 것을 발견했다.

바일 이론의 수학은 복잡하기 때문에 여기에서 설명하지는 않겠다. 지금 관심이 있는 것은 그의 이론에서 비롯된 다른 결과이다.

만약 서로 다른 지역에서 길이를 직접적으로 비교할 수 없다면, 우리가 실제로 수행하는 간접 비교에는 관습적인 요소가 포함된다.

처음에는 이 요소가 인식되지 않겠지만, 자연법칙의 표현을 최대한 단순화하는 방식으로 작용할 것이다. 특히 대칭 조건은 전적으로 측정에 관한 관습에 의해 만들어질 수 있으며, 그것이 현실 세계의 어떤 속성을 나타낸다고 가정할 이유는 없다.

에딩턴에 따르면, 중력법칙 자체도 측정의 관습을 표현하는 것으로 볼 수 있다. 그는 이렇게 말한다. '측정의 관습은, 측정된 공간에 등방성과 동질성을 도입하며, 이는 원래 조사 중인 관계 구조와 일치할 필요가 없다. 이 등방성과 동질성은 아인슈타인의 중력법칙에 의해 정확하게 표현된다.'

우리 지각 장치의 선택성으로 인해 발생하는 지식의 한계는 물질의 불멸성으로 설명할 수 있다. 이것은 실험을 통해 점차적으로 발견되었고, 잘 확립된 경험적 자연법칙으로 여겨졌다. 그러나 이제는, 우리가 원래의 시공간 연속체로부터 파괴되지 않을 것처럼 보이게 하는 속성을 지닌 수학적 표현을 구성할 수 있다는 것이 밝혀졌다. 따라서 물질은 파괴될 수 없다는 진술은 더 이상 물리학이 아닌 언어학과 심리학의 진술이 된다.

언어학의 진술로서, '물질'은 그 수학적 표현의 이름이다. 심리학의 진술로서, 우리의 감각은 대략 그 수학적 표현을 인식할 수 있도록 구성되어 있으며, 과학적 관찰을 통해 우리의 거친 인식을 점점 더 정교하게 만들수록 그 표현에 더 가까워지게 된다. 이는 과거의 물리학자들이 물질에 대해 알고 있다고 생각했던 것보다 훨씬 적은 지식이다.

독자들은 이렇게 말할 수 있다. 그렇다면 물리학에 남는 것은 무엇일까? 물질의 세계에 대해 우리가 실제로 알고 있는 것은 무엇일까? 여기서 우리는 물리학의 세 가지 영역을 구분할 수 있다. 첫째는 가능한 한 광범위하게 일반화된 상대성이론 내에 포함된 것이다. 다음으로는 상대성이론의 범위에 포함될 수 없는 법칙들이 있다. 셋째로는 '지리학'이라고 부를 수 있는 것이 있다. 이제 이들 각각을 차례로 살펴보자.

관습과는 별개로, 상대성이론은 우주에서 사건들이 4차원적 순서를 가지고 있다는 것과, 이 순서에서 서로 가까운 두 사건 사이에는 '간격'이라 불리는 관계가 존재하며, 적절한 조치를 취하면 이를 측정할 수 있다는 것을 알려준다. 또한, 작은 측정막대를 특정한 방식으로 닫힌 회로를 따라 옮길 때 일어나는 일에 대해 가정하고, 이 가정의 결과가 사실일 가능성이 매우 높다는 것을 보여준다.

이 외에는, 상대성이론에서 물리법칙으로 간주될 수 있는 것은 거의 없다. 수학적으로 구성된 특정한 양들이 우리가 인식하는 것처럼 행동해야 한다는 많은 수학적 설명이 있으며, 수학적으로 구성된 이러한 양들이 우리의 감각이 인식하도록 적응된 것이라는 이론에는 심리학과 물리학 사이에 다리 역할을 하는 암시가 있다. 그러나 이 두 가지 중 어느 것도 엄밀한 의미에서 물리학은 아니다.

현재 물리학에서 상대성이론의 범위 안으로 끌어들일 수 없는 부분은 크고 중요하다. 상대성이론에서는 전자와 양성자가 있어야 하는 이유를 설명할 수 없으며, 물질이 작은 덩어리로 존재해야 하는 이유도 제시할 수 없다. 이와 함께 원자 구조에 대한 전체 이론도 포함되지 않는다.

양자이론 역시 상대성이론의 범위 밖에 있다. 어떤 의미에서 상대성이론은 '이차적인 방법'이라고 부를 수 있는 것의 극단적인 적용이다. 중력은 더 이상 행성에 미치는 태양의 영향 때문이 아니라 행성이 위치한 지역의 특성을 표현하는 것으로 간주된다. 과거에는 두 지점이 아무리 멀리 떨어져 있어도 거리는 명확한 의미를 가진다고 여겨졌으나, 이제 거리는 이웃하는 지점들에 대해서만 명확하다.

멀리 떨어진 장소 사이의 거리는 선택한 경로에 따라 달라진다. 물론 측지거리로 거리를 정의할 수도 있지만, 이는 곡선의 길이를 추정할 때 사용하는 방법, 즉 작은 부분들을 더해 추정할 수 있을 뿐이다.

거리에 적용되는 것이 직선에도 동일하게 적용된다. 실제 세계에는 직선이 가져야 할 정확한 속성을 가진 것이 없다. 가장 가까운 예는 빛의 경로뿐이다. 직선은 유클리드 직선처럼 한 번에 정의되지 않고, 각 점에서 무엇을 하는지에 따라 정의되는 측지선으로 대체된다.

바일의 이론에서는 측정도 같은 운명을 겪는다. 우리는 측정자를 사용하여 한 장소에서만 길이를 잴 수 있으며, 다른 지역으로 옮길 때 그 길이가 어떻게 변할지 알 수 없다. 그러나 우리는 길이가 변한다면 조금씩, 점진적으로, 연속적으로 변하고 갑작스러운 변동은 없을 것이라고 가정한다. 이 가정은 정당하지 않을 수도 있다. 이것은 연속성에 근거한 상대성이론의 일반적인 관점에 속한다. 상대성이론이 양자, 전자, 양성자와 같은 물리학의 불연속성을 설명할 수 없는 것은 이러한 전망 때문일 것이다. 아마도 상대성이론이 연속성의 가정을 버리게 된다면, 이러한 영역들을 정복할 수 있을 것이다.

마지막으로 지리학을 다루게 되는데, 여기에는 역사도 포함된다. 역사를 지리학과 분리하는 것은 시간과 공간의 분리에 기초하지만, 우리가 시간과 공간을 시공간으로 통합할 때, 지리학과 역사의 결합을 설명할 하나의 단어가 필요하다. 간단히 설명하기 위해, 나는 이 확장된 의미에서 '지리학'이라는 단어를 사용할 것이다.

이러한 의미에서 지리학은 시공간의 한 부분을 다른 부분과 구별하는 모든 거친 사실을 포함한다. 한 부분은 태양이 차지하고, 다른 한 부분은 지구가 차지하며, 그 중간 영역에는 빛의 파동이 있지만 (여기저기에 아주 적은 양의 물질을 제외하면) 물질은 없다. 서로 다른 지리적 사실들 사이에는 어느 정도 이론적인 연결이 있으며, 이를 확립하는 것이 물리 법칙의 목적이다. 어떤 유한한 시간 동안, 비록 그 시간이 제아무리 짧더라도, 태양계의 지리적 사실을 충분히 알 수 있다면, 이상적으로 유능한 물리학자는 태양계가 다른 별들과 멀리 떨어져 있는 한 그 미래를 예측할 수 있을 것이라고 여겨진다.

우리는 이미 태양계의 중요한 사실들을 아주 긴 시간 동안 과거와 미래로 계산할 수 있는 위치에 있다. 하지만 그러한 모든 계산에는 기본적인 사실이 필요하다. 사실들은 서로 연결되어 있지만, 사실은 일반 법칙만으로는 추론할 수 없으며, 다른 사실들로부터만 추론될 수 있다. 따라서 지리학적 사실들은 물리학에서 어떤 독립적인 지위를 가진다. 아무리 많은 물리법칙이 있어도, 추론의 자료가 되는 다른 사실을 알지 못하면 물리적 사실을 추론할 수 없다. 여기서 '사실'이라고 말하는 것은 확장된 의미에서 지리학적으로 구체적인 사실들을 의미한다.

상대성이론에서는 구조에 관심을 두지, 그 구조를 구성하는 물질에는 관심을 두지 않는다. 반면에 지리학에서는 물질이 중요하다. 한 장소와 다른 장소 사이에 차이가 있으려면, 한 장소의 물질과 다른 장소의 물질 간에 차이가 있거나, 물질이 있는 장소와 없는 장소가 있어야 한다. 이 두 가지 중 물질 간의 차이가 더 만족스러운 설명인 것 같다. 우리는 '전자와 양자가 있고, 나머지는 비어 있다'고 말할 수는 있다. 하지만 '빈' 영역에도 빛의 파동이 존재하므로, 그 안에서 아무 일도 일어나지 않는다고 말할 수는 없다.

어떤 사람들은 빛의 파동이 에테르에서 일어난다고 주장하고, 어떤 사람들은 단순히 그것이 일어난다고 말하는 것으로 만족한다. 하지만 어떤 경우든 빛의 파동이 있는 곳에서는 사건들이 일어나고 있다. 물질이 존재하는 장소에 대해서도 우리가 실제로 말할 수 있는 것은 이것뿐이다. 물질은 사건들로 이루어진 수학적 구성물로 밝혀졌기 때문이다. 따라서 시공간의 모든 곳에서 사건들이 일어난다고 말할 수 있다. 그러나 그 사건들이 전자나 양자가 있는 영역에서 일어나는 것인지, 우리가 흔히 비어 있다고 부르는 영역에서 일어나는 것인지에 따라 사건의 종류는 다소 다를 것이다. 그러나 이러한 사건들의 본질적인 성격에 대해서는, 그것이 우리의 삶에서 일어나는 사건이 아닌 한, 아무것도 알 수 없다.

우리 자신의 지각과 감정은 물리학이 패턴으로 배열하는, 혹은 물리학이 패턴 속에 배열된 것으로 밝혀낸 사건들의 원초적인 재료의 일부여야 한다. 우리 삶의 일부를 이루지 않는 사건들에 대해 물리학은 그것들의 패턴만을 알려줄 뿐, 그 자체에 대해서는 알려주지 못한다. 또한 다른 방법으로 이를 발견하는 것도 불가능해 보인다.

제13장

'힘'의 폐기

THE ABOLITION OF 'FORCE'

뉴턴의 체계에서는, 어떤 힘도 작용하지 않는 물체는 일정한 속도로 직선 운동을 한다. 물체가 이런 방식으로 움직이지 않을 때, 그 운동의 변화는 '힘'으로 설명된다. 어떤 힘들은 우리가 상상으로 이해가 가능한 것처럼 보인다. 예를 들어, 밧줄이나 끈이 가하는 힘, 물체들이 충돌할 때의 힘, 또는 어떤 종류의 명백하게 밀거나 당기는 힘 등이 그러하다. 이전 장에서 설명했듯이, 이러한 과정들에 대한 우리의 상상 속 이해는 매우 잘못된 것이다. 실제로는 과거의 경험을 통해 수학적 계산 없이도 어떤 일이 일어날지 어느 정도 예측할 수 있다는 의미일 뿐이다. 그러나 중력과 덜 익숙한 형태의 전기적 작용에 관련된 '힘'들은 우리의 상상 속에서 그렇게 '자연스럽게' 보이지 않는다.

지구가 허공에 떠 있을 수 있다는 것은 이상해 보인다. 자연스러운 생각은 그것이 반드시 떨어져야 한다는 것이다. 그래서 초기의 일부 사상가들은 지구를 코끼리가 지탱하고 있으며, 코끼리는 거북이 위에 놓여 있다고 상상했다.

뉴턴의 이론은 원거리 작용 외에도 두 가지 다른 상상적인 새로운 개념을 도입했다. 첫째는, 중력이 항상 본질적으로 우리가 '아래쪽'이라 부르는, 즉 지구 중심을 향한 방향으로 작용하지는 않는다는 것이다. 둘째는, 힘이 작용하지 않는 물체의 운동에 적용되는 의미에서, 일정한 속도로 원을 그리며 움직이는 물체는 '등속 운동'을 하고 있는 것이 아니라, 지속적으로 직선 궤도에서 벗어나 원의 중심을 향해 휘어지고 있으며, 이를 위해 그 방향으로 끌어당기는 힘이 필요하다는 것이다. 따라서 뉴턴은 행성들이 태양에 의해 중력이라는 힘으로 끌리고 있다는 결론에 도달했다.

앞서 살펴본 바와 같이 이 모든 관점은 상대성이론에 의해 대체되었다. 더 이상 기존의 기하학적 의미에서 '직선'과 같은 것은 존재하지 않는다. '가장 직선에 가까운 선', 즉 측지선이 있지만 여기에는 공간뿐만 아니라 시간도 포함된다. 태양계를 통과하는 광선은 기하학적 관점에서 볼 때 혜성과 동일한 궤도를 그리지 않지만 각각 측지선을 따라 움직인다. 이로써 상상 속의 그림 전체가 바뀐다.

시인은 물이 바다에 끌리기 때문에 언덕 아래로 흐르는 것이라고 말할 수 있지만, 물리학자나 평범한 사람은 앞에 무엇이 있든 상관없이 땅의 성질 때문에 각 지점에서 그렇게 움직인다고 말할 것이다. 바다가 있다고 해서 물이 그쪽으로 흐르지 않는 것처럼, 태양이 있다고 해서 행성들이 그 주위를 도는 것이 아니다. 행성들이 태양 주위를 도는 것은 그것이 '최소한의 행동'이라는 기술적인 의미에서 가장 쉬운 일이기 때문이다. 태양에서 나오는 영향 때문이 아니라 행성이 있는 지역의 특성 때문에 가장 쉬운 일이다.

중력을 행성들이 태양 쪽으로 끌리는 '힘'으로 설명해야 한다는 필연성은 어떤 대가를 치르더라도 유클리드 기하학을 유지하려는 의지에서 비롯되었다. 실제로 유클리드 공간이 아닌데도 공간을 유클리드적이라고 가정한다면, 우리는 물리학을 동원해 기하학의 오류를 수정해야 한다.

우리는 직선이라고 주장하는 경로로 물체들이 움직이지 않는다는 것을 발견하게 될 것이고, 이 행동에 대한 원인을 요구하게 될 것이다. 에딩턴은 이 문제를 매우 명료하게 설명했다. 그는 특수 상대성이론에서 사용되는 간격에 대한 공식(여전히 관찰자의 공간이 유클리드적이라고 가정하는 공식)을 가정한 물리학자를 상정한다. 이어서 그는 이렇게 설명한다.

간격은 실험적 방법으로 비교할 수 있기 때문에, 그는 자신의 '공식'이 관측 결과와 일치하지 않는다는 것을 곧 발견하고, 자신의 실수를 깨달아야 한다. 그러나 인간의 마음은 쉽게 고정관념을 버리지 않는다. 그가 자신의 의견을 계속 고수하고, 관측의 불일치를 어떤 영향으로 돌리며, 그것이 그의 실험 물체들의 행동에 영향을 미친다고 생각할 가능성이 더 크다. 말하자면, 그는 자신의 실수로 인한 결과에 대해 비난할 수 있는 초자연적 원인을 도입할 것이다.

뉴턴의 힘의 정의에 따르면, 직선에서 균일한 운동을 벗어나게 하는 원인을 '힘'이라고 부른다. 따라서 우리 관찰자의 실수로 도입된 원인은 '힘의 장(field of force)'이라고 묘사된다. 힘의 장은 좌표계의 자연 기하학과 임의로 부여된 추상적 기하학 사이의 불일치를 나타낸다.

사람들이 '힘'이라는 오래된 개념 없이 새로운 방식으로 세상을 이해하게 된다면, 그들의 물리적 상상뿐만 아니라 도덕과 정치에도 변화를 일으킬 것이다. 후자의 영향은 상당히 비논리적일 수 있지만, 그럼에도 불구하고 그럴 가능성은 충분하다.

뉴턴의 태양계 이론에서 태양은 행성들이 복종해야 하는 군주처럼 보인다. 반면에 아인슈타인의 세계에서는 뉴턴의 세계보다 개인주의가 더 강하고 정부의 간섭이 더 적다. 또한 게으름이 아인슈타인 우주의 기본 법칙이라는 것을 알 수 있듯이 번잡함도 훨씬 더 적다.

'다이내믹(dynamic, 역동적)'이라는 단어는 신문기사에서 '활기차고 강력한'이라는 의미로 쓰이게 되었지만, 만약 그것이 '역학의 원리를 설명하는' 의미였다면, 더운 기후에서 바나나 나무 아래 앉아 과일이 입에 떨어지기를 기다리는 사람들에게 적용해야 할 것이다. 앞으로 기자들이 '다이내믹한 인물'이라고 말할 때, 먼 훗날의 결과를 생각하지 않고 현재 상황에서 가장 적은 수고를 하는 사람을 의미하길 바란다. 만약 이러한 결과에 기여할 수 있다면, 나는 헛되이 글을 쓰지 않은 셈이다.

사람들은 자연법칙으로부터 우리가 무엇을 해야 하는지에 대한 논거를 끌어내는 것이 관례였다. 하지만 그런 논거는 잘못된 것처럼 보인다. 자연을 모방하는 것은 단순히 맹종일 수 있다. 그러나 아인슈타인이 묘사한 자연이 우리의 모델이 되어야 한다면, 무정부주의자들이 논쟁에서 가장 유리한 입장에 설 것 같다. 물리적 우주는 질서를 유지하는데, 그것은 중앙 정부가 있기 때문이 아니라, 모든 물체가 각자의 역할을 알아서 하기 때문이다. 어떤 두 물질 입자도 서로 접촉하지 않으며, 너무 가까워지면 둘 다 멀리 떨어진다. 만약 한 사람이 다른 사람을 때렸다는 이유로 법정에 서게 된다면, 그는 과학적으로 자신이 그 사람을 전혀 만지지 않았다고 주장하는 것이 옳을 것이다. 실제로 일어난 일은, 그 사람의 코 부근에 시공간의 언덕이 있었고, 그가 그 언덕 아래로 굴러 떨어졌다는 것뿐이다.

'힘'의 페지는 제1장에서 설명한 것처럼 물리적 개념의 원천으로서 촉각 대신 시각이 대체되는 것과 관련이 있는 것처럼 보인다. 거울 속의 이미지가 움직일 때, 우리는 그것이 무엇인가에 의해 밀렸다고 생각하지 않는다. 마주 보는 두 개의 큰 거울이 있는 곳에서는 동일한 물체의 무수한 반사상을 볼 수 있다. 예를 들어, 실크 모자를 쓴 신사가 두 거울 사이에 서 있다면, 반사된 모습에는 20~30개의 모자가 있을 수 있다. 이제 누군가가 와서 막대기로 신사의 모자를 쳐서 떨어뜨린다고 가정해보자. 그러면 나머지 20~30개의 모자도 동시에 떨어질 것이다. 우리는 '실제' 모자를 떨어뜨리기 위해 힘이 필요하다고 생각하지만, 나머지 20~30개의 모자는 마치 스스로 떨어지거나, 혹은 단순히 모방하려는 열정 때문에 떨어진다고 생각한다. 이 문제를 조금 더 진지하게 생각해보자.

거울 속 이미지가 움직일 때 분명 무언가가 일어난다. 시각의 관점에서 보면, 그 사건은 거울 밖에서 일어나는 것만큼이나 실제로 보인다. 하지만 촉각이나 청각의 관점에서는 아무 일도 일어나지 않았다. '실제' 실크 모자가 떨어지면 소리가 나지만, 20~30개의 반사된 모자는 아무 소리도 없이 떨어진다. 만약 그것이 발에 떨어지면, 당신은 그 충격을 느끼겠지만, 거울 속에서 모자가 발 위로 떨어진 20~30명의 사람들은 아무런 느낌도 없을 것이라고 우리는 믿는다. 하지만 이러한 사실은 천문학적 세계에도 똑같이 적용된다. 진공에서는 소리가 전달되지 않기 때문에 그 세계는 소리를 내지 않는다.

우리가 아는 한, 그 세계는 어떤 '느낌'도 일으키지 않는데, 그곳에서 '느낄' 사람이 없기 때문이다. 따라서 천문학적 세계는 거울 속 세계만큼이나 '실제적'이거나 '견고한' 것처럼 보이지 않으며, 움직이기 위한 '힘'이 필요하지 않다.

독자는 내가 쓸데없는 궤변을 늘어놓고 있다고 느낄지도 모른다. 독자들은 이렇게 말할 것이다. '결국, 거울 속의 이미지는 어떤 단단한 물체의 반사일 뿐이고, 거울 속의 실크 모자는 실제 실크 모자에 가해진 힘 때문에만 떨어진다. 거울 속의 실크 모자는 스스로 행동할 수 없으며, 실제 모자를 모방해야 한다. 이 점은 이미지가 태양이나 행성과 얼마나 다른지를 보여준다. 그것들은 원형을 끊임없이 모방할 필요가 없기 때문이다. 그러니 이미지가 천체만큼 실제적이라고 주장하는 것은 그만두는 게 좋겠다.'

물론 여기에는 어느 정도 진실이 있다. 중요한 것은 그 진실이 무엇인지 정확히 밝히는 것이다. 우선, 이미지는 '상상 속의 것'이 아니다. 이미지를 볼 때, 완전히 실제인 빛의 파동이 눈에 도달하며, 거울 위에 천을 걸면 이러한 빛의 파동은 사라진다. 그러나 '이미지'와 '실제' 물체 사이에는 순전히 광학적인 차이가 있다.

이 광학적 차이는 모방의 문제와 밀접하게 관련되어 있다. 거울에 천을 걸면 '실제' 물체에는 아무런 변화가 없지만, '실제' 물체를 치우면 이미지도 사라진다. 이로 인해 우리는 이미지를 형성하는 빛이 거울 표면에서 단지 반사된 것이며, 실제로는 그 뒤에서 오는 것이 아니라 '실제' 물체에서 온다고 말하게 된다.

여기에는 매우 중요한 일반 원칙의 한 예가 있다. 세상의 대부분의 사건들은 고립된 발생이 아니라, 어느 정도 유사한 사건들로 이루어진 집단의 일부이며, 각각의 집단은 특정한 시공간의 작은 영역과 할당된 방식으로 연결되어 있다. 우리가 물체와 거울에 비친 물체의 모습을 모두 볼 수 있게 하는 빛의 파동이 그러하다. 이 빛의 파동들은 모두 물체를 중심으로 발산된다.

불투명한 지구본을 물체 주위의 일정한 거리에 두면 지구본 바깥의 어느 지점에서는 물체와 그 반사가 보이지 않는다. 우리는 이미 중력이 더 이상 원거리 작용으로 간주되지는 않지만 여전히 중심과 연결되어 있다는 것을 보았다. 말하자면 정상 부근에 대칭으로 배열된 언덕이 있고, 그 정상은 우리가 중력장과 연결되어 있다고 생각하는 물체가 있는 곳이다.

간단히 말해서, 상식은 위에서 설명한 방식으로 하나의 집단을 형성하는 모든 사건을 묶어서 생각한다. 두 사람이 같은 물체를 볼 때, 두 개의 다른 사건이 발생하지만, 그 사건들은 하나의 집단에 속하며 동일한 중심과 연결되어 있다.

두 사람이 (우리가 흔히 말하는) 같은 소리를 들을 때도 마찬가지이다. 그래서 거울에 비친 상은, 심지어 광학적인 관점에서도, 반사된 물체보다 덜 '실재적'이다. 이미지가 보이는 곳에서 빛이 모든 방향으로 퍼지지 않고, 거울 앞쪽의 방향으로만 퍼지며, 반사된 물체가 제자리에 있는 동안에만 그렇게 되기 때문이다. 이것은 우리가 고려해온 방식으로 서로 연결된 사건들을 중심으로 묶는 것이 얼마나 유용한지를 보여준다.

이러한 한 집단의 물체에서 일어나는 변화를 살펴보면, 두 가지 종류가 있음을 알 수 있다. 집단의 일부 구성원에게만 영향을 미치는 변화가 있고, 집단의 모든 구성원에게 연결된 변화를 일으키는 변화가 있다.

예를 들어, 거울 앞에 촛불을 놓고 거울에 검은 천을 덮으면, 여러 위치에서 보이는 촛불의 반사만 변하게 된다. 눈을 감으면 촛불이 당신에게 보이는 모습만 변할 뿐, 다른 곳에서의 모습은 변하지 않는다. 촛불에서 1피트 떨어진 곳에 빨간 공을 두면, 1피트보다 먼 거리에서의 모습은 변하지만, 1피트보다 가까운 거리에서는 변하지 않는다. 이 모든 경우에서 촛불 자체가 변했다고 생각하지 않는다. 사실, 이러한 모든 경우에서 변화는 서로 다른 중심이나 다른 여러 중심과 연결된 변화들로 이루어진 집단을 발견하게 된다.

예를 들어, 눈을 감으면 다른 관찰자에게 다르게 보이는 것은 촛불이 아니라 당신의 눈이다. 변화의 중심은 당신의 눈에 있다. 하지만 촛불을 끄면, 그 모습이 모든 곳에서 변한다. 이 경우에는 그 변화가 촛불에 일어났다고 말한다.

어떤 물체에 일어나는 변화란 그 물체를 중심으로 한 사건들의 전체 집단에 영향을 미치는 것이다. 이것은 상식을 해석한 것에 불과하며, 우리가 거울 속 촛불의 이미지가 촛불보다 덜 '실제적'이라고 말할 때 그 의미를 설명하려는 시도이다.

이미지가 있는 곳 주변에는 사건들이 연결된 집단이 존재하지 않으며, 이미지의 변화는 거울 뒤의 한 점이 아니라 촛불을 중심으로 일어난다. 이는 이미지가 '단지' 반사일 뿐이라는 진술에 완전히 검증 가능한 의미를 부여한다. 동시에, 우리가 천체를 만질 수는 없지만 볼 수 있다는 점에서, 천체가 거울 속 이미지보다 더 '실제적'이라고 여길 수 있게 해준다.

이제 우리는 '힘'의 폐지를 진정으로 이해하려면, 한 물체가 다른 물체에 '영향'을 미친다는 상식적인 개념을 해석하기 시작할 수 있다. 어두운 방에 들어가 전등을 켠다고 가정해 보자. 방 안의 모든 물체의 모습이 변한다. 방 안의 모든 물체가 전등빛을 반사하기 때문에 보이는 것이므로, 이 경우는 실제로 거울 속 이미지의 경우와 유사하다. 전등은 모든 변화가 발생하는 중심이다. 이 경우 '영향'은 우리가 이미 설명한 것에 의해 설명된다. 더 중요한 경우는 움직임이 일어나는 경우이다.

예를 들어, 은행 휴일에 붐비는 군중 속에 호랑이를 풀어놓는다고 가정해 보자. 사람들은 모두 움직일 것이고, 호랑이는 그들의 다양한 움직임의 중심이 될 것이다. 만약 누군가가 사람들만 보고 호랑이를 보지 못한다면, 그 지점에 어떤 혐오스러운 것이 있다고 추론할 것이다. 이 경우 우리는 호랑이가 사람들에게 영향을 미친다고 말하며, 호랑이가 그들에게 미치는 작용을 일종의 반발력이라고 설명할 수 있을 것이다.

하지만 우리는 사람들이 단순히 호랑이가 그 자리에 있기 때문에 도망치는 것이 아니라, 그들에게 무언가가 일어나기 때문에 도망친다는 것을 알고 있다. 그들은 호랑이를 보고 듣기 때문에, 즉 특정한 파동이 그들의 눈과 귀에 도달하기 때문에 도망친다. 만약 이러한 파동이 호랑이가 없이도 그들에게 도달할 수 있다면, 그들은 똑같이 빠르게 도망칠 것이다. 그들에게는 주변 환경이 똑같이 불쾌하게 느껴질 것이기 때문이다.

이제 같은 논리를 태양의 중력에 적용해 보자. 태양이 발휘하는 '힘'은 호랑이가 발휘하는 힘과 반발력이 아닌 인력이라는 점에서만 다르다. 태양은 빛이나 소리의 파동을 통해 작용하는 대신, 태양 주위의 시공간에 변형이 일어남으로써 그 힘을 나타낸다. 호랑이의 소음처럼, 그 변형은 원천에 가까울수록 더 강렬하며, 멀어질수록 점차 약해진다.

태양이 이러한 시공간의 변형을 '일으킨다'고 말하는 것은 우리의 지식에 아무것도 추가하지 않는다. 우리가 아는 것은 그 변형이 일정한 규칙에 따라 진행되며, 태양을 중심으로 대칭적으로 배열된다는 사실이다.

인과관계의 언어는 의지, 근육의 긴장 등과 관련된 전혀 무관한 상상들을 더할 뿐이다. 우리가 어느 정도 알아낼 수 있는 것은, 중력을 가진 물질의 존재에 따라 시공간이 어떻게 변형되는지에 대한 공식일 뿐이다. 더 정확히 말하자면, 중력을 가진 물질이 존재할 때 시공간이 어떤 형태인지를 알아낼 수 있다는 것이다.

어떤 영역에서 시공간이 정확히 유클리드적이지 않고, 특정 중심에 가까워질수록 비유클리드적 특성이 점점 더 두드러지며, 유클리드로부터의 이탈이 특정 법칙을 따를 때, 우리는 이 상태를 간단히 '중력을 가진 물질이 중심에 있다'고 표현한다. 하지만 이것은 우리가 알고 있는 것에 대한 요약일 뿐이다.

우리가 아는 것은 중력이 있는 물질이 없는 곳에 대한 것이지, 그 물질이 있는 곳에 대한 것이 아니다. 인과관계의 언어(그 중 '힘'은 한 가지 사례이다)는 특정 목적을 위한 편리한 약어(略語)일 뿐이며, 물리적 세계에서 실제로 존재하는 것을 나타내지는 않는다.

그렇다면 물질은 어떨까? 물질도 단지 편리한 약어에 불과한 것일까? 그러나 이 질문은 큰 주제이므로, 별도의 장에서 다루어야 한다.

제14장

물질이란 무엇인가?

WHAT IS MATTER?

'물질이란 무엇인가?'라는 질문은 형이상학자들이 묻는 유형의 질문이며, 이에 대한 답은 매우 난해한 방대한 책들에서 찾아볼 수 있다. 하지만 나는 이 질문을 형이상학자로서 묻는 것이 아니다. 나는 현대 물리학, 특히 상대성이론이 주는 교훈이 무엇인지 알고자 하는 사람으로서 묻는 것이다. 우리가 이 이론에서 배운 것들을 보면, 물질을 예전처럼 이해할 수 없다는 것은 분명하다. 이제 우리는 새로운 개념이 대략 어떤 것인지 말할 수 있을 것 같다.

전통적으로 물질에 대한 두 가지 개념이 있었으며, 과학적 사색이 시작된 이후로 두 개념 모두 지지자들이 있었다. 하나는 원자론자들로, 물질이 더 이상 나눌 수 없는 작은 덩어리들로 이루어져 있다고 생각했다. 이 덩어리들이 서로 충돌한 후 다양한 방식으로 튕겨나간다고 생각했다. 뉴턴 이후에는 이것들이 실제로 서로 접촉하는 것이 아니라, 서로를 끌어당기고 밀어내며, 서로 주위를 공전한다고 생각했다. 또 다른 한편에는 모든 곳에 어떤 형태로든 물질이 존재하며, 진공은 불가능하다고 생각하는 사람들이 있었다.

데카르트는 이 관점을 지지하며, 행성들의 운동을 에테르 속의 소용돌이로 설명했다. 뉴턴의 중력이론은 모든 곳에 물질이 존재한다는 관점을 불신하게 만들었으며, 특히 뉴턴과 그의 제자들이 빛을 실제 입자가 빛의 원천에서부터 이동하는 것으로 생각했기 때문에 그 불신은 더 커졌다. 하지만 빛에 대한 이러한 견해가 반박되고, 빛이 파동으로 이루어져 있다는 것이 밝혀지면서, 에테르가 다시 부활하여 파동이 발생할 수 있는 매개체로 여겨졌다. 에테르는 빛의 전파에서뿐만 아니라 전자기 현상에서도 동일한 역할을 하는 것으로 밝혀지면서 더욱 신뢰를 얻게 되었다. 원자들이 에테르의 운동 방식일 수 있다는 희망마저 있었다. 이 단계에서, 물질에 대한 원자론적 관점은 전반적으로 불리해지고 있었다.

상대성을 잠시 제쳐두고, 현대 물리학은 일반 물질의 원자 구조를 증명하는 한편, 그러한 구조가 없는 것으로 여겨지는 에테르에 대한 지지 논거를 반박하지는 않았다. 그 결과는 두 가지 견해 사이의 일종의 타협이었다.

하나는 '크고 거친' 물질에 적용되고, 다른 하나는 에테르에 적용되었다. 곧 보게 되겠지만, 전자와 양자에 대해서는 의심의 여지가 없지만 전통적으로 원자를 이해했던 방식으로 개념화할 필요는 없다. 에테르에 관해서는 그 상태가 매우 기묘하다. 많은 물리학자들은 여전히 에테르 없이는 빛과 다른 전자기파의 전파를 상상할 수 없다고 주장하지만, 이 점을 제외하고는 에테르가 어떤 목적을 가지고 있는지 파악하기 어렵다.

진실은, 아마도 상대성이론이 '물질'에 대한 오래된 개념을 포기하도록 요구한다는 점인데, 이 개념은 '실체'와 관련된 형이상학에 영향을 받아 현상들을 다루는 데 필수적인 관점이 아니라는 것이다. 이제 우리는 이 문제를 조사해봐야 한다.

오래된 견해에서는 물질의 한 조각이 시간 내내 존재하면서도, 특정한 시간에는 단 한 곳에만 있는 것으로 여겨졌다. 이러한 사고방식은 과거 사람들이 믿었던 공간과 시간의 완전한 분리와 명백히 연결되어 있다. 우리가 공간과 시간을 시공간으로 대체하면, 물리적 세계가 시간과 공간 모두에서 한정된 구성 요소들로 이루어져 있다고 기대하게 된다. 이러한 구성 요소가 우리가 '사건'이라고 부르는 것이다. 사건은 전통적인 물질처럼 지속적으로 존재하고 이동하는 것이 아니라, 그 짧은 순간 동안만 존재하고 사라진다.

따라서 물질의 한 조각은 일련의 사건들로 해석될 것이다. 과거의 관점에서 확장된 물체가 여러 입자로 이루어져 있다고 생각했던 것처럼, 이제 각 입자는 시간 속에서 확장되어 있으므로, 우리가 '사건 입자'라고 부를 수 있는 것으로 구성되어 있다고 간주해야 한다. 이러한 사건들의 전체 연속이 입자의 전체 역사를 이루며, 그 입자는 사건들이 일어나는 어떤 형이상학적 실체가 아니라, 입자의 역사로 간주하게 된다. 이러한 관점은 상대성이론이 시간과 공간을 이전 물리학보다 더 동등한 수준으로 다루도록 강요한다는 사실에 의해 필연적이다.

이 추상적인 요구는 물리적 세계의 알려진 사실들과 연결되어야 한다. 그렇다면, 알려진 사실들은 무엇일까? 먼저 빛이 수신된 속도로 이동하는 파동으로 이루어져 있다는 점을 인정한다고 가정하자. 우리는 물질이 없는 시공간에서 일어나는 일에 대해 많은 것을 알고 있다. 즉, 주기적인 현상(광파)이 특정한 법칙을 따른다는 것을 알고 있다. 이러한 광파는 원자에서 시작되며, 현대 원자 구조 이론은 이들이 어떤 상황에서 발생하는지, 그리고 그 파장의 길이를 결정하는 이유에 대해 많은 정보를 제공한다.

우리는 하나의 광파가 전파되는 방법뿐만 아니라, 그 광원이 우리와 어떻게 상대적으로 움직이는지도 알아낼 수 있다. 그러나 내가 이렇게 말할 때는 우리가 광원을 두 시점에서 동일한 것으로 인식할 수 있다는 것을 전제하고 있다. 하지만 이것이 바로 우리가 연구해야 할 문제이다.

이전 장에서 우리는 법칙에 의해 서로 연결된 사건들이 시공간에서 중심을 기준으로 배열된 하나의 사건 집단을 어떻게 형성할 수 있는지 보았다. 이러한 사건 집단은 짧은 빛의 섬광에서 방출된 광파가 여러 장소에 도착하는 일들로 구성될 것이다. 우리는 그 중심에서 특별한 일이 일어나고 있다고 가정할 필요는 없다. 그곳에서 무슨 일이 일어나는지 알 필요도 없다. 우리가 아는 것은 기하학적으로 그 사건 집단이 중심을 기준으로 배열된다는 사실이며, 이는 마치 파리 한 마리가 연못을 건드릴 때 연못 위로 퍼지는 물결과 같다.

우리는 중심에서 일어난 가상의 사건을 발명하고, 그로 인한 교란이 전파되는 법칙을 설정할 수 있다. 이 가상의 사건은 상식적으로는 그 교란의 '원인'으로 보일 것이다. 또한, 이 가상의 사건은 그 교란의 중심에 있다고 가정된 물질입자의 생애에서 하나의 사건으로 간주될 것이다.

이제 우리는 하나의 광파가 특정 법칙에 따라 중심에서 바깥으로 전파될 뿐만 아니라, 일반적으로 매우 유사한 다른 광파들이 그 뒤를 따른다는 것을 발견한다. 예를 들어, 태양은 갑작스럽게 그 모습을 바꾸지 않으며, 심지어 강풍 속에서 구름이 태양을 가로지르더라도 그 변화는 신속하지만 점진적이다.

이런 방식으로, 시공간의 한 지점에 있는 중심과 연결된 사건 집단은 시공간의 이웃한 지점들에 중심을 둔 다른 매우 유사한 사건 집단들과 연결된다. 상식적으로는 이 각각의 다른 사건 집단에 대해서도 그 중심을 차지하는 유사한 가상의 사건을 만들어내며, 이러한 가상의 사건들이 하나의 역사에 속한다고 말한다. 즉, 이러한 가상의 사건들이 일어났다고 가정된 가상의 '입자'를 발명하는 것이다.

이러한 이중적인 가설의 사용, 즉 각각의 경우에 전혀 필요하지 않은 가설의 사용을 통해서만 우리는 과거의 의미에서 '물질'이라고 부를 수 있는 개념에 도달하게 된다.

불필요한 가설을 피하려면, 우리는 주어진 순간의 전자를 주변 매질에서 일어나는 다양한 교란으로 정의할 것이다. 이러한 교란들은 일반적인 언어로는 전자가 '일으킨' 것이라고 말할 수 있다. 그러나 우리는 그 순간의 교란을 관찰자가 있는 위치에서 정의하지 않을 것이다. 그렇게 하면 교란이 관찰자에게 의존하게 되기 때문이다. 대신 우리는 빛의 속도로 전자에서 바깥으로 이동하면서, 각 지점에서 도달하는 교란을 해당 순간의 교란으로 정의할 것이다. 거의 같은 중심을 가진, 아주 유사한 교란 집단이 조금 더 이르거나 조금 더 늦게 존재하는 경우, 그것은 전자가 약간 이르거나 늦은 순간에 존재하는 것으로 정의될 것이다. 이런 방식으로 우리는 물리학의 모든 법칙을 유지하면서 불필요한 가설이나 추론된 실체를 사용하지 않으며, 상대성이론이 쓸모없는 많은 가설들을 제거할 수 있게 했던 경제성의 일반 원칙과도 조화를 이룬다.

상식은 우리가 테이블을 볼 때 테이블 자체를 본다고 생각한다. 이는 큰 착각이다. 상식이 테이블을 볼 때, 특정한 빛의 파동이 눈에 도달하며, 이는 과거의 경험에서 촉각과 다른 사람들의 증언(그들도 테이블을 보았다는)과 연관된 파동이다. 그러나 이 모든 과정이 우리를 테이블 자체로 인도한 것은 아니다.

빛의 파동은 우리의 눈에서 어떤 사건들을 일으키고, 이것은 시신경에서 다른 사건들을 일으키며, 다시 뇌에서 사건들을 일으킨다. 이 중 어느 하나라도 평소의 과정 없이 일어났다면, 우리는 테이블이 없었더라도 '테이블을 본다'는 감각을 경험했을 것이다. (물론, 물질을 사건들의 집합으로 해석한다면, 이는 눈, 시신경, 뇌에도 동일하게 적용되어야 한다.)

현대 물리학에 따르면, 우리가 손가락으로 테이블을 눌렀을 때 느끼는 촉각은 손끝의 전자와 양자에 의해 발생한 전기적 교란이며, 이는 테이블의 전자와 양자가 가까이 있기 때문에 생겨난다. 만약 손끝에서 동일한 교란이 다른 방식으로 발생했다면, 테이블이 없더라도 우리는 똑같은 감각을 느낄 것이다. 다른 사람들의 증언은 분명히 간접적인 것이다.

법정에서 한 증인이 어떤 사건을 보았는지 질문을 받았을 때, 다른 사람들의 증언을 근거로 그렇게 믿는다고 답하는 것은 허용되지 않을 것이다. 어쨌든 증언은 음파로 이루어지며, 이는 심리적 해석과 물리적 해석이 모두 필요하므로, 대상과의 연결은 매우 간접적이다. 이러한 모든 이유로, 우리가 '사람이 테이블을 본다'고 말할 때, 우리는 복잡하고 어려운 추론을 감춘 매우 간략한 표현을 사용하고 있으며, 그 추론의 타당성에 의문이 제기될 수 있다.

하지만 우리는 심리학적 질문에 얽힐 위험이 있으며, 이는 가능한 한 피해야 한다. 따라서 순수하게 물리적인 관점으로 돌아가 보자.

내가 제안하고자 하는 것을 다음과 같이 표현할 수 있다. 전자의 존재로 인해 다른 곳에서 발생하는 모든 것은, 특정한 숨겨진 방식으로 발생하지 않는 한 이론적으로라도 실험적으로 탐구할 수 있다. 하지만 전자 내부에서 무언가가 발생한다면 (그 안에서 무언가가 발생하는지조차 알 수 없지만), 우리는 그것을 알 수 없다. 그것을 엿볼 수 있는 장치조차 상상할 수 없다. 전자는 그 '효과'로 알려져 있다. 하지만 '효과'라는 단어는 현대물리학, 특히 상대성이론과는 맞지 않는 인과관계에 대한 견해에 속한다.

우리가 말할 수 있는 것은, 특정한 사건들이 함께 발생한다는 것, 즉 시공간의 인접한 부분에서 발생한다는 것이다. 한 관찰자는 이 사건들 중 하나를 다른 것보다 먼저 일어났다고 생각할 것이지만, 다른 관찰자는 시간 순서를 다르게 판단할 수도 있다. 그리고 시간 순서가 모든 관찰자에게 동일할 때조차도, 우리가 실제로 가지고 있는 것은 두 사건 사이의 연결일 뿐이며, 이는 앞뒤로 똑같이 작용한다.

과거가 미래를 결정한다는 것은 미래가 과거를 결정하는 것과 다르지 않다. 그 차이는 단지 우리의 무지에 기인한 것이다. 우리는 미래에 대해 과거보다 적게 알고 있기 때문에 그렇게 보일 뿐이다. 이는 단순한 우연일 뿐이며, 미래를 기억하고 과거를 추론해야 하는 존재들이 있을 수도 있다. 그러한 존재들이 이 문제에 대해 느끼는 방식은 우리의 감정과 정반대일 것이지만, 그들이 더 틀린 것은 아니다.

이 이야기에서 얻을 교훈은, 전자가 '효과'로만 알려져 있다면, 그 '효과' 외에 무언가가 존재한다고 가정할 이유가 없다는 것이다. 이러한 '효과'가 빛의 파동이나 다른 전자기적 교란으로 구성되는 한, 우리는 이른바 '빈 공간'이란 이러한 교란이 자유롭게 전파되는 영역이라고 말할 수 있다.

우리는 모든 교란이 하나의 중심을 가지고 있으며, 그 중심에 매우 가까워지면(여전히 일정한 거리가 남아 있더라도) 교란의 전파 법칙이 더 이상 유효하지 않다는 것을 발견한다. 이 법칙이 적용되지 않는 영역을 '물질'이라고 부른다. 그리고 그 물질은 상황에 따라 전자나 양자가 될 것이다.

이렇게 정의된 영역은 다른 영역에 대해 상대적으로 움직이는 것으로 발견되며, 그 움직임은 알려진 역학의 법칙을 따른다. 이 이론은 현재까지 전자기 현상과 물질의 운동을 설명하며, '물질'이 전자기 현상의 체계 외에 다른 어떤 것이라고 가정하지 않는다. 이 이론을 완전히 실행하려면 많은 복잡한 요소들을 도입해야 할 것이 분명하다.

하지만 물리학의 모든 사실과 법칙은 '물질'이 단순히 사건들의 집합에 불과하다는 가정 하에 해석될 수 있다는 것이 비교적 명확해 보인다. 각각의 사건은 우리가 해당 물질에 의해 '원인'이 된 것으로 자연스럽게 간주하는 종류의 사건들이다. 이것은 물리학의 기호나 공식에 어떤 변화를 요구하지 않으며, 단지 그 기호들의 해석에 관한 문제일 뿐이다.

이러한 해석의 여지가 있다는 것이 수리물리학의 특징이다. 우리가 알고 있는 것은 매우 추상적인 논리적 관계들로, 이를 수학적 공식으로 표현한다. 또한, 특정 지점에서 실험적으로 검증할 수 있는 결과에 도달한다는 것도 알고 있다. 예를 들어, 아인슈타인의 빛의 굴절 이론이 확립된 일식 관측을 생각해 보자. 실제 관측은 특정 사진판에서 특정 거리들을 신중하게 측정하는 것이었다. 검증해야 했던 공식들은 빛이 태양 근처를 지날 때의 경로와 관련이 있었다. 관측된 결과를 제공하는 공식의 일부는 항상 동일한 방식으로 해석되어야 하지만, 그 외의 부분은 다양한 해석이 가능할 수 있다. 행성들의 운동을 설명하는 공식들은 아인슈타인의 이론과 뉴턴의 이론에서 거의 동일하지만, 그 공식들의 의미는 완전히 다르다.

일반적으로 자연을 수학적으로 다룰 때, 특정한 해석의 정확성보다 우리가 사용하는 공식이 대략적으로 옳다는 확신이 훨씬 더 크다고 말할 수 있다. 이번 장에서 다루는 경우도 마찬가지다. 전자나 양자의 본질에 대한 질문은, 그 운동 법칙과 환경과의 상호작용 법칙에 대해 수리물리학이 말할 수 있는 모든 것을 알게 된다고 해서 결코 완전히 답변되는 것이 아니다.

수리물리학의 진리와 양립 가능한 다양한 답변들이 있기 때문에, 우리의 질문에 대한 명확하고 결정적인 답변은 가능하지 않다. 그럼에도 불구하고 어떤 답변들은 다른 것들보다 더 선호된다. 어떤 답변들은 더 높은 확률로 지지를 받기 때문이다.

우리는 이번 장에서 물리학의 공식이 참이라면 반드시 있어야 할 물질의 정의를 찾으려고 했다. 만약 우리가 물질입자를 실체적이고, 단단하고, 명확한 덩어리로 생각되는 것처럼 정의했다면, 그러한 것이 존재하는지 확신할 수 없었을 것이다. 그래서 우리의 정의가 복잡해 보일지라도, 논리적 경제성과 과학적 신중함의 관점에서는 더 바람직하다.

제15장

철학적 결과들

PHILOSOPHICAL CONSEQUENCES

상대성이론의 철학적 결과는 때때로 생각되는 것만큼 크거나 놀라운 것이 아니다. 그것은 현실주의와 관념주의 사이의 오래된 논쟁과 같은 문제에 대해 거의 설명해주지 않는다.

어떤 사람들은 상대성이론이 칸트의 공간과 시간이 '주관적'이고 '직관의 형식'이라는 견해를 지지한다고 생각한다. 나는 그러한 사람들이 상대성이론에 대한 글에서 '관찰자'라는 용어를 사용하는 방식에 의해 오도되었다고 생각한다. 관찰자가 인간, 또는 적어도 정신을 지닌 존재라고 추측하는 것은 자연스러운 일이지만, 관찰자는 사진판이나 시계일 수도 있다. 즉, 하나의 '관점'과 다른 '관점' 사이의 차이에 대한 이상한 결과는 지각을 가진 사람들과 마찬가지로 물리적 도구에도 적용될 수 있는 '관점'과 관련이 있다. 상대성이론에서 논의되는 '주관성'은 물리적 주관성으로, 이 세상에 정신이나 감각이 존재하지 않더라도 동일하게 존재할 것이다.

게다가, 상대성이론에서 말하는 주관성은 엄격하게 제한된 것이다. 이 이론은 모든 것이 상대적이라고 말하지 않으며, 오히려 어떤 것이 상대적인지, 그리고 어떤 것이 그 자체로 물리적 사건에 속하는지를 구분하는 방법을 제시한다. 만약 우리가 이 이론이 칸트의 공간과 시간에 대한 견해를 지지한다고 말할 것이라면, 시공간에 대해서는 그를 반박한다고도 말해야 할 것이다. 내 생각에는 어느 쪽 주장도 맞지 않다.

이러한 문제에 대해 철학자들이 이전에 가졌던 견해를 그대로 유지하지 못할 이유가 없다고 본다. 이전에도 어느 쪽에도 결정적인 논거가 없었고, 지금도 마찬가지다. 어느 한쪽의 견해를 고수하는 것도 과학적 태도라기보다는 독단적인 성향을 드러내는 것이다.

그럼에도 불구하고, 아인슈타인의 연구에 담긴 아이디어들이 학교에서 가르쳐지고 익숙해지면, 우리의 사고방식에 몇 가지 변화가 생길 것이고, 이는 결국 매우 중요한 영향을 미칠 가능성이 크다.

물리적 세계에 대해 물리학이 알려주는 것이 우리가 생각했던 것보다 훨씬 적다는 사실이 드러나고 있다. 전통 물리학의 거의 모든 '위대한 원리'들은 마치 '1야드는 항상 3피트'라는 '위대한 법칙'처럼 보인다. 다른 원리들은 완전히 거짓으로 판명되기도 한다.

질량 보존 법칙은 이러한 '법칙'들이 겪을 수 있는 두 가지 불운을 잘 보여준다. 질량은 '물질의 양'으로 정의되었고, 실험 결과 질량은 결코 증가하거나 감소하지 않는 것으로 나타났다. 그러나 현대적인 측정의 정확성이 높아지면서, 이상한 현상들이 발견되었다.

첫째로, 측정된 질량이 속도에 따라 증가하는 것으로 밝혀졌으며, 이 질량은 에너지와 동일한 것임이 밝혀졌다. 이 종류의 질량은 주어진 물체에 대해 일정하지 않지만, 우주 전체에서 그 총량은 보존되거나 적어도 보존과 매우 유사한 법칙을 따른다. 그러나 이 법칙 자체도 '1야드는 3피트'라는 '법칙'처럼 자명한 진리로 간주되어야 하며, 이는 우리의 측정 방법에서 나온 결과일 뿐, 물질의 실제 성질을 표현하는 것이 아니다.

우리가 '고유 질량(proper mass)'이라고 부를 수 있는 다른 종류의 질량은 물체와 함께 움직이는 관찰자가 측정한 질량이다. 이것은 일반적으로 지구에서 경험하는 상황으로, 무게를 재는 물체가 공중을 날아다니지 않는 경우에 해당한다.

물체의 '고유 질량'은 거의 일정하지만, 완전히 일정하지는 않으며, 세계의 총 '고유 질량'도 완전히 일정하지는 않다. 예를 들어, 네 개의 1파운드 무게를 가진 물체를 저울에 함께 올리면, 그들이 총 4파운드가 될 것이라고 생각할 수 있다. 하지만 이것은 착각에 불과하다. 실제로는 그보다 조금 덜 나가며, 그 차이는 매우 세심한 측정으로도 발견되지 않을 정도로 미미하다. 그러나 수소 원자 네 개를 합쳐 헬륨 원자를 만들면, 그 차이는 눈에 띄게 나타난다. 헬륨 원자는 4개의 개별 수소 원자보다 훨씬 가볍다.

대체로 말하자면, 전통적인 물리학은 자명한 이치들과 지리학으로 축소되었다. 하지만 양자이론과 같은 물리학의 새로운 분야들은 이 범주에 속하지 않으며, 실험을 통해 도달한 진정한 법칙에 대한 지식을 제공하는 것으로 보인다.

상대성이론이 우리에게 제시하는 세계는 '운동'하는 '사물'의 세계라기보다 사건들의 세계다. 여전히 전자와 양자가 존재하기는 하지만, 이들은 (앞 장에서 본 것처럼) 연속적으로 연결된 사건들의 끈으로 이해되어야 하며, 마치 노래의 연속적인 음과도 같다. 상대성 물리학에서의 기본 재료는 사건들이다. 두 사건이 너무 멀리 떨어져 있지 않다면, 특수 상대성이론과 마찬가지로 일반 상대성이론에서도 '간격'이라고 불리는 측정 가능한 관계가 존재하며, 이는 시간의 경과와 공간의 거리가 혼란스럽게 표현한 물리적 실체로 보인다.

두 개의 먼 사건 사이에는 단일한 확정적인 간격이 존재하지 않는다. 하지만 한 사건에서 다른 사건으로 이동하는 여러 경로 중, 그 경로를 따라 작은 간격들의 합이 가장 큰 경우가 있다. 이 경로를 '측지선'이라 부르며, 물체가 외부의 영향을 받지 않을 때 스스로 선택하는 경로이다.

상대성이론 물리학은 과거의 물리학이나 기하학보다 훨씬 더 단계적인 문제이다. 유클리드의 직선은 광선으로 대체되어야 하는데, 광선은 태양이나 다른 매우 무거운 물체 근처를 지날 때 유클리드의 직선 기준에 미치지 못한다.

삼각형의 내각의 합이 두 개의 직각이라는 것은 여전히 매우 먼 빈 공간에서는 성립한다고 생각되지만, 주변에 물질이 있는 곳에서는 그렇지 않다. 지구를 떠날 수 없는 우리는 유클리드의 법칙이 성립하는 장소에 도달할 수 없다. 과거에 논리로 증명되었던 명제들은 이제 관습이 되었거나, 단지 관찰로 검증된 근사적인 진리가 되었다.

논리적 사고가 발전함에 따라 사실을 증명하는 힘에 대한 주장이 점점 더 줄어들고 있다는 것은 흥미로운 사실이다(상대성이론이 유일한 예는 아니다). 과거에는 논리가 어떻게 추론을 도출하는지 우리에게 가르쳐준다고 생각했지만, 이제는 오히려 어떻게 추론을 하지 않아야 하는지를 가르친다.

동물과 아이들은 성급하게 추론하는 경향이 있는데, 예를 들어 말은 당신이 갑자기 예상치 못한 방향으로 갈 때 크게 놀란다. 인간이 처음으로 논리적 사고를 시작했을 때, 예전에는 무심코 했던 추론들을 정당화하려고 노력했다. 이로 인해 많은 잘못된 철학과 과학이 탄생했다.

'자연의 일관성'이나 '보편적 인과법칙'과 같은 '위대한 원칙들'은 과거에 자주 발생했던 일이 앞으로도 계속 일어날 것이라는 우리의 믿음을 강화하려는 시도에 불과하다. 이것은 말이 늘 가던 방향으로 당신이 갈 것이라고 믿는 것만큼이나 근거가 부족하다. 과학의 실제적 작업에서 이러한 가짜 원칙들을 무엇으로 대체할 것인지는 명확하지 않지만, 아마도 상대성이론이 우리가 기대할 수 있는 새로운 방향을 보여주는 단서를 제공할 것이다.

오래된 의미의 인과관계는 더 이상 이론물리학에서 설 자리가 없다. 물론, 이를 대체하는 다른 무언가가 있지만, 그 대체물은 기존의 원칙보다 더 나은 경험적 기반을 가지고 있는 것으로 보인다.

우주 전체의 모든 사건에 날짜를 지정할 수 있는 하나의 포괄적인 시간 개념이 무너진다는 것은 결국 인과관계, 진화, 그리고 많은 다른 문제들에 대한 우리의 관점에 영향을 미치게 될 것이다. 예를 들어, 우주 전체적으로 진보가 있는지의 여부는 우리가 시간 측정 방법을 어떻게 선택하느냐에 따라 달라질 수 있다.

여러 개의 똑같이 정확한 시계 중 하나를 선택하면, 우주는 가장 낙관적인 미국인이 생각하는 만큼 빠르게 발전하고 있다고 생각할 수 있다. 반면에 또 다른 똑같이 정확한 시계를 선택하면, 우주는 가장 우울한 슬라브인이 상상할 수 있는 만큼 빠르게 악화되고 있다고 생각할 수 있다. 따라서 낙관주의와 비관주의는 진실이나 거짓이 아니라, 시계의 선택에 달려 있다.

이것이 특정 유형의 감정에 미치는 영향은 치명적이다. 시인은 이렇게 말한다.

'먼 곳에서 일어난 신성한 사건,
그 사건을 향해 모든 창조물이 나아간다.'

하지만 그 사건이 충분히 멀리 있고 창조물이 충분히 빠르게 움직인다면, 일부는 그 사건이 이미 일어났다고 판단할 것이고, 다른 일부는 아직 미래의 일이라고 판단할 것이다. 이것은 시의 아름다움을 망친다. 두 번째 행은 이렇게 되어야 할 것이다:

'창조물의 일부는 그 사건을 향해 나아가고, 다른 일부는 그로부터 멀어진다.'

그러나 이것으로는 충분하지 않다. 나는 약간의 수학으로 파괴될 수 있는 감정이라면 그다지 진실하지도, 가치 있지도 않다고 생각한다. 그러나 이러한 논지는 빅토리아 시대에 대한 비판으로 이어지며, 그것은 현재의 주제와 무관하다.

다시 말하지만, 우리가 물리적 세계에 대해 알고 있는 것은 이전에 생각했던 것보다 훨씬 더 추상적이다. 물체들 사이에는 빛의 파동과 같은 사건들이 일어나며, 우리는 이러한 사건들의 법칙에 대해 수학적 공식으로 표현할 수 있는 정도로만 알고 있지만, 그 본질에 대해서는 아무것도 모른다.

앞 장에서 보았듯이, 물체 자체에 대해서도 우리가 아는 것은 매우 적어서 그것들이 실제로 어떤 것인지조차 확신할 수 없다. 그것들은 단지 다른 곳에서 발생하는 사건들의 집합일 수도 있으며, 우리가 자연스럽게 그 물체의 효과라고 여기는 사건들일지도 모른다.

우리는 세계를 자연스럽게 그림으로 해석하려고 한다. 즉, 일어나는 일이 우리가 보는 것과 어느 정도 비슷하다고 상상한다. 하지만 실제로 이 유사성은 구조를 표현하는 몇 가지 형식적, 논리적 특성에만 적용될 수 있으며, 우리가 알 수 있는 것은 변화의 일반적인 특성들뿐이다. 아마도 하나의 예가 이 문제를 더 명확하게 설명해줄 수 있을 것이다. 연주된 오케스트라 음악 한 곡과 악보에 인쇄된 동일한 곡 사이에는 어느 정도 유사성이 있는데, 이 유사성은 구조적인 유사성이라고 설명할 수 있다.

그 유사성은, 규칙을 알게 되면 악보로부터 음악을 추론할 수 있거나, 반대로 음악으로부터 악보를 추론할 수 있는 종류의 것이다. 하지만 만약 태어날 때부터 완전히 청각을 잃었고, 음악적인 사람들 사이에서 살았다고 가정해보자. 당신이 말을 배우고 입술읽기를 익혔다면, 악보가 그 자체와는 본질적으로 완전히 다른 것을 나타내고 있지만, 구조적으로는 유사하다는 것을 이해할 수 있을 것이다. 음악의 가치를 전혀 상상할 수 없겠지만, 악보와 동일한 수학적 특성들을 추론할 수는 있을 것이다.

우리의 자연에 대한 지식도 이와 비슷하다. 우리는 악보를 읽고, 청각장애인이 음악에 대해 추론할 수 있는 만큼을 추론할 수 있다. 하지만 우리에게는 그가 음악적인 사람들과의 교류를 통해 얻었던 이점들이 없다. 우리는 악보가 표현하는 음악이 아름다운지 혹은 끔찍한지 알 수 없다. 아마 궁극적으로 우리는 악보가 그 자체 외에 다른 무언가를 나타내고 있다는 것을 확신할 수 없을지도 모른다. 그러나 물리학자는 직업적인 입장에서 그러한 의심을 품을 수 없다.

물리학에서 주장할 수 있는 최대한의 것을 가정한다고 해도, 변화하는 것이 무엇인지, 그 다양한 상태가 무엇인지 알려주지 않고 변화가 주기적으로 이어진다거나 일정한 속도로 퍼진다는 것만 알려줄 뿐이다.

지금도 우리는 진정한 과학 지식의 핵심에 도달하기 위해 상상력에 불과한 것을 벗겨내는 과정의 마지막 단계에 도달하지 못했을 가능성이 크다. 상대성이론은 이런 점에서 매우 큰 성과를 거두었고, 그 과정에서 수학자의 목표인 실체적 구조에 점점 더 가까이 다가갔다. 이는 수학자가 인간으로서 관심을 갖는 유일한 것이기 때문이 아니라 수학적 공식으로 표현할 수 있는 유일한 것이기 때문이다. 그러나 우리가 추상화의 방향으로 지금까지 왔다면, 아마 우리는 여전히 더 멀리 나아가야 할지도 모른다.

앞 장에서 나는 물질에 대한 최소한의 정의라고 부를 수 있는 것을 제안했다. 즉, 물질이 물리학의 진실성과 양립할 수 있을 만큼 최소한의 '실체'만을 가지고 있다고 말할 수 있는 정의이다. 이러한 종류의 정의를 채택함으로써, 우리는 안전한 선택을 하고 있는 것이다. 만약 더 견고한 무언가가 존재하더라도, 우리의 희박한 물질은 여전히 존재할 것이다.

우리는 제인 오스틴의 작품에서 이사벨라의 묽은 죽처럼, 물질의 정의를 '묽지만 너무 묽지 않게' 만들려고 노력했다. 그러나 우리가 물질이 이것에 불과하다고 단정한다면, 오류에 빠지게 될 것이다. 라이프니츠는 물질의 한 조각이 실제로 영혼들의 집합체라고 생각했다. 그가 틀렸다는 것을 보여주는 것도 없지만, 그가 옳았다는 것을 보여주는 것도 없다. 우리는 이 문제에 대해, 마치 화성의 식물군과 동물군에 대해 아무것도 모르는 것처럼, 어느 쪽도 알지 못한다.

수학적이지 않은 사람에게는 우리가 가진 물리적 지식의 추상적인 성격이 만족스럽지 않을 수 있다. 예술적이거나 상상적인 관점에서 보면 아쉬운 점이 있겠지만, 실용적인 관점에서는 아무런 문제가 되지 않는다.

추상성은 어렵지만, 실용적인 힘의 원천이다. 세상과의 거래에서 가장 추상적으로 일하는 '실용적인' 사람인 금융인은 다른 어떤 실용적인 사람보다도 더 강력하다. 그는 밀이나 면화를 한 번도 본 적이 없어도 그것들을 다룰 수 있다. 그가 알아야 할 것은 가격이 오르거나 내릴지의 여부뿐이다. 이것은 적어도 농업 전문가의 지식에 비하면 추상적인 수학적 지식이다.

마찬가지로 물리학자는 물질의 운동 법칙을 제외하고는 물질에 대해 아무것도 알지 못하지만, 그럼에도 물질을 조작할 수 있을 만큼은 충분히 알고 있다. 결코 그 본질적인 성질을 알 수 없는 것들을 나타내는 기호들로 이루어진 일련의 방정식을 풀어낸 후, 그는 마침내 우리의 지각으로 해석될 수 있고 우리 삶에서 원하는 효과를 가져올 수 있는 결과에 도달한다.

우리가 물질에 대해 아는 것은 추상적이고 도식적이지만, 원칙적으로 그것이 우리에게 지각과 감정을 일으키는 규칙을 알려주기에 충분하다. 그리고 물리학의 실용적인 응용은 이러한 규칙에 의존한다.

최종 결론은 우리가 아는 것이 매우 적다는 것이다. 그러나 그럼에도 우리가 이토록 많은 것을 알고 있다는 사실은 놀랍고, 더 나아가 이 적은 지식이 우리에게 이토록 큰 힘을 준다는 사실은 더욱 놀랍다.

부록:

뉴턴과 아인슈타인: 중력 이론의 주요 차이점은 무엇일까?

중력은 이해하기 가장 까다로운 개념 중 하나이다. 일상생활에서는 상대적으로 약해 보이지만 우주적 규모에서는 우주에서 가장 강력하고 영향력 있는 힘이다. 뉴턴과 아인슈타인의 중력 이론은 모두 중력이라는 자연 현상을 설명하려는 노력에서 시작되었지만, 접근 방식과 그 결과는 매우 다르다. 뉴턴의 이론은 고전물리학의 토대가 되었고, 아인슈타인의 이론은 현대물리학의 시발점이 되었다. 두 이론의 주요 차이점을 이해하면, 중력이 무엇인지에 대한 우리의 시각이 어떻게 변해왔는지를 알 수 있다.

1. 중력의 본질
- 뉴턴의 만유인력 법칙에 따르면, 중력은 물체들 간에 작용하는

'힘'이다. 모든 물체에는 질량이 있고, 그 질량에 비례해 다른 물체를 끌어당기는 힘이 발생한다. 이 힘은 두 물체 간의 거리의 제곱에 반비례하며 작용한다. 뉴턴의 중력은 즉각적으로 작용하며, 두 물체 사이에 어떤 매개체 없이 공간을 통해 바로 전달된다고 설명한다.

● 아인슈타인은 중력을 공간 자체의 왜곡으로 설명했다. 일반 상대성이론에 따르면, 질량을 가진 물체는 주변의 시공간을 휘게 만들고, 다른 물체는 이 휘어진 시공간을 따라 움직이게 된다. 즉, 중력은 '힘'이라기보다, 공간의 기하학적 구조에 의해 결정되는 경로이다.

2. 시공간의 개념

● 뉴턴에게 시간과 공간은 절대적인 무대와 같아서, 모든 사건들이 벌어지는 변하지 않는 배경이며, 중력은 이 절대적인 공간 안에서 작용하는 힘으로 간주된다. 따라서 시간은 모든 관찰자에게 동일하게 흐른다.

● 아인슈타인의 상대성이론에서는 시간과 공간이 상호작용하며 변화하는 개념으로 발전한다. 중력은 시공간의 휘어짐에 의해 생기기 때문에, 시간 또한 중력의 영향을 받는다. 질량이 큰 물체 주변에서는 시간이 더 천천히 흐르게 되며, 이는 실험적으로도 확인된 현상이다.

따라서 시공간은 더 이상 고정된 무대가 아니라, 중력에 의해 동적으로 변화하는 존재이다.

3. 중력의 전달 속도

● 뉴턴은 중력이 두 물체 간에 즉각적으로 작용한다고 가정한다. 즉, 어떤 물체의 위치나 질량이 바뀌면 그 변화는 즉시 다른 물체에 영향을 미친다고 생각했다. 이는 빛보다 빠른 정보 전달을 암시하지만 현대 물리학의 관점에서는 모순이 된다.

● 아인슈타인은 중력이 시공간의 왜곡에 의한 것이므로, 그 변화가 전파되는 속도도 유한하다고 설명했다. 이 속도는 빛의 속도와 동일하며, 이는 중력파의 존재로 입증되었다. 예를 들어, 태양이 갑자기 사라진다면, 지구는 그 사실을 빛의 속도로 약 8분 후에 알게 되고, 그때서야 태양의 중력이 사라졌음을 느끼게 된다.

4. 태양계 내 행성 운동의 설명

● 뉴턴의 이론은 대부분의 경우 태양계 내 행성들의 운동을 매우 정확하게 설명할 수 있었다. 하지만 수성의 궤도에 관해서는 약간의 오차가 있었다. 뉴턴의 법칙으로는 수성의 근일점이 시간이 지남에 따라 이동하는 현상을 완벽히 설명하지 못했다.

● 아인슈타인의 일반 상대성이론은 수성의 근일점 이동 현상을 정확하게 설명해 냈다. 이는 아인슈타인의 이론이 뉴턴의 이론보다 중력의 본질에 대해 더 깊이 이해하고 있음을 보여주는 중요한 사례이다. 시공간의 휘어짐을 고려함으로써, 수성의 미세한 궤도 변화까지 설명할 수 있었다.

5. 중력의 응용과 실험적 검증

● 뉴턴의 중력이론은 고전적인 상황에서 매우 높은 정확도를 가지고 있으며, 일상생활에서 중력에 의한 현상들을 잘 설명한다. 예를 들어, 물체가 떨어지는 운동이나 행성들의 일반적인 움직임은 뉴턴의 법칙으로 충분히 설명이 가능하다.

● 아인슈타인의 이론은 극한의 상황, 예를 들어 매우 큰 질량을 가진 천체나 빛의 경로에 대해 중요한 결과를 예측한다. 중력렌즈 현상이나 블랙홀의 존재, 그리고 중력파의 발견 등은 모두 아인슈타인의 일반 상대성이론의 실험적 검증 사례이다. 이러한 현상들은 뉴턴의 이론으로는 설명이 불가능하거나 부정확하게 설명된다.

아인슈타인의 이론은 뉴턴이 믿었던 것처럼 중력의 원천이 질량이 아니라 에너지이며, 그 중 한 형태가 질량이라는 것을 인정했다는 것이다. 즉, 소리 에너지, 열 에너지 등 모든 형태의 에너지에는 중력이 존재한다. 결정적으로 중력 자체도 에너지의 한 형태이므로 중력은 더 많은 중력을 만들어낸다. 결론적으로, 뉴턴과 아인슈타인의 중력이론은 서로 다른 관점에서 중력을 설명하고 있다. 뉴턴은 중력을 물체 사이의 힘으로 보았고, 아인슈타인은 그것을 시공간의 기하학적 성질로 이해했다. 이러한 차이 덕분에 우리는 우주의 작동 방식에 대해 더 깊이 있는 이해를 얻게 되었다.